文系のための統計学入門

データサイエンスの基礎 第2版

河口洋行＝著
Hiroyuki Kawaguchi

日本評論社

●［第2版］はじめに

　第2版の出版にあたり、読者の皆さんにとってさらに理解しやすくするべく、最初に「推定」の概念が出てくる第6章（信頼区間）、および本格的な「統計的検定」に入る第9章（t検定）に図表を追加するなどの改訂を行いました。また、第15章（機械学習）の内容はこの数年で目覚ましい進歩がありましたので、具体例を追加して統計学との比較を行いました。

　今回の改訂は、本書を教科書として使用している講義で得られた学生からのフィードバックをもとにしています。そのなかでも特に印象的だったのが、「先生は正確さを重視しますが、学生にとっては理解できなければメリットはゼロです」というコメントです。この言葉は、「統計学の独特な概念をグラフで大まかに理解してもらう」という本書の方針を再確認させてくれました。

　また、初版を出版して以来、多くの読者から貴重なご意見やご感想をいただきました。「数学の証明が追加されればもっとよくなる」とのご指摘もいただいております。数学は正確に表現するには適したツールですが、そのツールに慣れていない読者にとっては、かえって理解を妨げる場合があります。例えば、ある専門書を読む場合に、原著を英語で読む方が正確かもしれませんが、英語が苦手な場合には、最初に日本語訳を読んで内容を大まかに理解した後に、原著で細部を丁寧に読む方が理解しやすいかもしれません。本書は「数学」を「図表」で翻訳することにより、統計学の概要を理解してもらうことを最優先しています。

　最後に、この第2版が皆さんの学びにおいてより一層役立つものとなれば幸

i

いです。また、教科書として採用していただいた教員の方には、お気付きの点やご意見をお寄せいただければ、今後の改訂に反映させていただきます。

＊各章冒頭にある QR コードよりダウンロードできるパワーポイントやエクセルファイル等の講義資料は、日本評論社のホームページ（https://www.nippyo.co.jp/shop/book/9360.html）からまとめてダウンロード可能です。あわせてご利用ください。

● はじめに

統計学に興味があるけれど、数学が苦手な大学生や社会人への入門書

　この本は、大学1・2年生や社会人を対象にした「グラフ」による統計学の入門書です。

　筆者は、勤務する大学で新入生向けの統計学の講義を担当しています。このなかで難題であったのは、数式を板書すると、途端に顔が曇ったり下を向いたりしてしまう学生が多いことです。どうやら多くの文系学生は、数学が苦手というよりも「苦痛」であるようです。試しに講義のなかで簡単な数学のテストをしたところ、「√（ルート）」など中学数学の段階でつまずいている学生も多いことがわかりました。

　また、前任の社会人向け大学院では、統計学入門の講義を6年間担当していました。受講生の向学心や効率性は大変高かったのですが、数学の基礎知識を忘れている人が多かったため、同じように統計学の講義は大変でした。部長職のビジネスマンの方から、「標準偏差とは何ですか」と質問されて、「そこからですか」と言ってしまったことがあります。

　しかし、大学生であれ社会人であれ、中学・高校の6年間分の数学を再学習することは、時間的にも心理的にも困難な場合が多いと考えられます。

数学が苦手でも、グラフ（図表）で統計学やデータ分析の本質を理解できる

　そこで本書では、「数式」の代わりに「グラフ（図表）」を用いて、統計学の概念や仕組みを伝えることを試みました。情報を伝えるためには、「言葉」・

「数式」・「グラフ」が主に使われます。「数式」は正確さという点で非常に優れていますが、予備知識が必要です。「言葉（文章）」は新しい概念や複雑な構造を正確に伝えるにはかなりの技術を必要とします。本書では、直感的に理解しやすい「グラフ（図表）」を中心にしながら、言葉（文章）で補完することによって、数式を使わずに統計学の本質を伝えたいと考えています。

早速グラフを使って本書の特徴を説明しましょう。

データサイエンスの基礎知識を身に付ける

これまでの統計学の入門書は、数式を駆使し正確ではあるものの、文系学生には理解が困難な伝統的な教科書（図表0-1の右上の三角形）か、マンガなどを使って簡単そうに見えるものの、内容が薄く暗記中心の教科書（図表0-1の左下の三角形）のどちらかが多かったように思います。本書は、数式の代わりにグラフ（図表）を主体にすることにより、多少正確さを犠牲にしても理解しやすいことを重視しています。

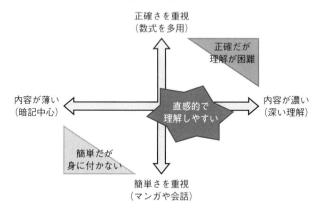

図表0-1　従来の統計学の書籍と本書の位置付けの違い

ただし、本書は文系の大学1年生が15回の講義（半期）で統計学の一通りの基礎知識を身に付けるための内容に限られており、大学3・4年で本格的な統計学やデータサイエンスを学ぶための入門書の位置付けです。また、データサイエンスに興味のある社会人の方には、最初に本書で統計学の考え方を身に付

はじめに

けていただき、様々な専門分野の入り口にしていただきたいと考えています。

　筆者が知る限り、このような教科書は他になかったため、作成したグラフを日々の講義で実際に使用してみて、学生が想定通り理解できたかを確認しながら作成を進めました。筆者がわかりやすいグラフができたと喜んでいても、講義で学生から不評な場合には何度も（泣く泣く）作り直しました。筆者の統計学への理解が不足していたこともあり、2012年に執筆を開始してから、完成までにかなりの時間がかかってしまいました。

各章は、講義用資料・YouTube 動画・エクセル演習の QR コードがセットになっている

　現代は、大学生も社会人も大変忙しいと思います。統計学は普段の生活になくても困らない学問ですから、本書では学習を続けられる仕組みをいくつも仕込んであります。

　まず、各章の冒頭に YouTube 動画にリンクした QR コード（および URL）を入れてあります。通学・通勤の際にスマートフォンで簡単に視聴できます。手元で講義用の資料を参照できるように講義資料用 QR コードも付けてあります。あらかじめ動画で各章の概要を頭に入れておけば、各章の内容が理解しやすくなると思います。

```
Step 1  YouTube 動画やパワーポイント資料で各章のイメージを持つ。
Step 2  各章の図表と文章で内容を理解する。
Step 3  エクセル演習で実際に分析をして身に付ける。
```

　また、せっかく学習した内容を現実に役立つようにするには、自分の手を動かして実際に分析を行ってみることが効果的です。同じページの下部には、Microsoft Excel（エクセル）の演習用ワークシートがダウンロードできる QR コード（および URL）が付いています。各章を読み終えた後に、演習課題をエクセルで行ってみてください。

　本書を教科書として講義で使う場合には、これらのファイルは自由に活用していただいて構いません。ただし、パワーポイント資料は最低限の図表のみで

すので、必要に応じてスライドを追加していただいた方が、講義で使いやすい
と思います。

謝　辞

　本書に対しては、経済学者である筆者だけでなく、統計学やデータサイエン
スを専門とする同僚から貴重なアドバイスをいただきました。統計学がご専門
の成城大学経済学部・塚原英敦教授からは、詳細にわたりご指導いただきまし
た。また、データサイエンス教育研究センターの辻智特任教授と森由美講師か
らは、データサイエンス全体の観点から貴重なアドバイスをいただきました。
貴重なお時間を割いていただいたことに深く感謝いたします。なお、本書に残
る誤謬は全て筆者の責任です。

　発刊に際しては、日本評論社の吉田素規氏に構想の段階から大変お世話にな
りました。また、筆者の講義に参加して、わかりにくい点や改善点などを様々
な形でフィードバックしてくれた受講生の皆さんに感謝します。なお、動画の
作成では筆者の子ども達に手伝ってもらいました。いつもありがとう。

● 目　次

[第2版] はじめに　i
はじめに　iii

第1章　統計学の基礎知識の体系
　　　　（本書のガイダンス）——————————————————— 1

第2章　何でも平均値で大丈夫なのか
　　　　（代表値と散布度）——————————————————— 11

データを直接見ても、その内容は見えてこない　12
記述統計の要は、代表値と散布度　13
代表値はデータのカタマリの全体を1つの変数で要約する　13
日本の家族ごとの貯蓄額の代表値は平均値でよいか　16
最大値および最小値が特性を示す場合もある　17
同じ平均賃金でも、バラツキが異なる会社を見抜く散布度　18
平均賃金が同じ2社の賃金のバラツキを平均偏差で表す　19
2乗して正の数値（面積）にして扱う　20
偏差の2乗値（面積）の平均値が「分散」　21
2乗した偏差を0.5乗して戻すと標準偏差　22
基本統計量（代表値と散布度）を示せば、データの特性が理解できる　23
埼玉工場と千葉工場の代表値と散布度を比較する　23
ヒストグラムの山が1つなら平均値を採用　24

第3章　確率的に生きるか確定的に生きるか
　　　　（確率論と期待値）——————————————————— 27

あなたの運命はすでに決まっているのだろうか　28
大学生活の幸福は「確定的」か「確率的」か　28
大学の新学期によく見かける確定論者（学生）と確率論者（教員）のすれ違い　29
○か×かよりも、どのくらいの確率かがわかれば現実に対応できる！　30
確率は「分母」で意味が変わる（例えば離婚率）　32
「確率」はある出来事の起こりやすさを示す　33

vii

試行の方法が復元抽出（サイコロ）であれば独立な試行　*34*

独立試行の場合の確率の計算方法　*36*

ある出来事とその確率が結び付いているのが確率変数　*37*

確率変数にも代表値と散布度がある　*38*

確率変数の分散と標準偏差（サイコロの目のケース）　*39*

告白するか、告白しないかを期待値で考える　*40*

宝くじ（確率変数）の当選種類（事象）、当選金額（実現値）と当選本数（確率）　*41*

宝くじ1枚で当たる賞金の平均値（期待値）はいくらか　*42*

第4章　学業成績の確率分布と偏差値 （正規分布）————————*43*

時代劇に出てくるサイコロ博打の確率分布を見てみよう　*44*

ビスケットの長さの確率分布は、複雑な要因で左右される　*46*

確率を計算しやすい「離散」変数、計算しにくい「連続」変数　*48*

「離散」変数の二項分布が複雑化すると、「連続」変数の正規分布に　*49*

自然界でよく見られる「普通」の確率分布に数式を当てはめて「正規分布」と呼んだ　*50*

正規分布は、平均値と標準偏差の2つで全体の形状が決定する（便利な特性1）　*50*

正規分布は、平均値から標準偏差何個分離れているかで確率が決まる（便利な特性2） *51*

正規分布は、平均値と標準偏差を変化させても正規分布のまま（便利な特性3）　*52*

偏差値は、成績の確率分布を平均値50に移動させ、標準偏差10に拡大縮小したもの　*54*

偏差値を使えば、社会科の60点と数学の60点の成績の違いがわかる　*55*

自分の点数を偏差値に数値変換するための簡単な数式がある　*58*

試験得点でなければ、偏差値よりZスコア（平均値0、標準偏差1）が便利　*60*

社会科の60点をZスコアに換算すると－2（標準偏差2個分）　*61*

自分の点数をZスコアに数値変換するための簡単な数式がある　*62*

普通ではないほど稀な良い成績（悪い成績）は何点からか？　*63*

第5章　街頭アンケートはあてになるのか （母集団と標本）————————*67*

全部を知るには膨大な費用と時間がかかる　*68*

全体の一部で本当に全体のことがわかるのか　*69*

母集団から標本を取り出す際に生じる2つの誤差　*69*

ダイジェスト誌による大統領選当選予想は系統誤差で大失敗　*71*

ハイト・リポート（The Hite Report）は米国政府の公式調査とまったく違った　*72*

実際の調査で系統誤差を避けるために使われる「ランダム抽出」　*73*

就職活動での親のアドバイスに見られる系統誤差を見抜け　73

街頭アンケートには様々なバイアス（系統誤差）が含まれている　74

実際の調査では、ランダム抽出に層化抽出法がよく利用される　75

思わぬ伏兵となる、標本を測定する際の誤差（測定誤差）　76

期末テストは、学習成果を「測定誤差」なしに観測できているか　76

テストの測定誤差が±5点程度ある場合の実力は異なるはず　77

測定誤差が大きいデータは、大きな問題　79

第6章　台風の予報円は信じてよいのか　　（標本変動と信頼区間）―――――――――― 81

母集団の特性を標本のデータから予測する2つの方法（点推定と区間推定）　82

母集団の平均値を標本から予想する際の手がかり　83

5つのボールからランダムに取り出した2つのボールの試行　84

何度も試行すると、標本平均の確率分布が見られる　85

標本平均は、母平均を推定するときに使う「推定量（数式）」　87

標本平均の平均値を予想に使う　88

標本平均の確率分布が正規分布なら、（標本平均の）標準偏差何個分かで確率がわかる　89

信頼区間の事例：「①簡単なケース」と「②複雑なケース」　90

母集団が正規分布で母標準偏差が既知なら、標本平均の確率分布の標準偏差がわかる　90

①簡単なケースで母集団の情報を利用して区間推定する　91

ある統計クラスの95％信頼区間は、IQ105〜110　92

②複雑なケースでは、母分散（母標準偏差）の情報がない　94

母分散が未知なら、標準誤差の代用品の標準偏差は「不偏」分散から計算する方が正確　95

②複雑なケースで、母平均を95％信頼区間で推定する　97

数学的「証明」と違って、「推定」には判断ミスの確率がある（重要）　100

信頼区間の倍数はいつも1.96とは限らない　101

第7章　隠れた浮気を見破る方法　　（背理法と帰無仮説）―――――――――― 103

区間推定と統計的検定の違いのイメージ　104

統計的「検定」には、「背理法」（1つ目の工夫）を追加する　105

背理法で探偵が犯人を特定する方法（背理法の例え話1）　105

「浮気疑惑」を背理法で確認する方法（背理法の例え話2）　106

ビールの味がわかるかを背理法で確認する方法（背理法の例え話3）　107

背理法はわざと反対の仮説を唱えて、矛盾が起こると対立仮説を採択する方法　　*108*

帰無仮説に矛盾が起きたかどうかは、その確率が低い（ごく稀な事象）かどうかで判断　　*109*

帰無仮説を利用した統計的検定の大まかな手順　　*109*

統計クラスのIQの母平均を統計的「検定」で判断する（①簡単なケース）　　*110*

帰無仮説は、「統計クラスのIQの母平均値と全体の母平均値は等しい」　　*110*

検定統計量で母平均値100のとき、標本平均値が107.5になる確率がわかる　　*111*

検定統計量はZスコアと同じ仕組み（しかも母平均の検定の検定統計量はZスコア）　　*112*

対立仮説が「ではない」なら両側検定、一方に多い（少ない）なら片側検定　　*113*

標本平均値107.5のZスコアが1.96以上なら、帰無仮説を棄却　　*114*

区間推定と統計的検定では仮説は違うが、確率分布の面積を使う点は同じ　　*115*

第8章　薬品の含有量はきちんと守られているのか（母平均の検定） ———— *117*

統計的検定の手順の伝統的な説明（仕組みがわかりやすい）　　*118*

もっと簡単な統計的検定の手順の説明（棄却域を使用しない）　　*119*

②複雑なケース（工場）で母平均の検定を行う　　*120*

帰無仮説は、「埼玉工場の母集団（1年間の生産）の平均値は120」　　*120*

統計的検定の結果は、単なるランダム誤差の言い訳を許さない　　*123*

帰無仮説は、「千葉工場の母集団（1年間の生産）の平均値は120」　　*124*

帰無仮説が棄却できないと、強い判断ができない　　*125*

統計的検定で有意水準を5％にするのは、2つの過誤のバランスをとったから　　*126*

第9章　健康食品で血圧は下がるのか（2つの母平均の差の検定） ———— *131*

高血圧を健康食品で改善することは可能なのか　　*132*

「2つの母平均の差の検定」で本当に差があるのかを確認しよう　　*133*

2つの標本はもともと同じような集団（同質的）かどうかを確かめる　　*133*

2つの母平均の差の検定の帰無仮説は「2つの母平均は等しい」　　*135*

2つの標本平均値の違いが大きいほど、母平均が等しい可能性は低い　　*136*

2つの標本平均の確率分布の「差」の確率分布が知りたい　　*137*

2つの標本平均の確率分布の「差」の確率分布の分散が知りたい　　*138*

差の確率分布の平均値と標準偏差から、4mmHgのZスコアを計算する　　*141*

標本サイズが小さいと、検定統計量は正規分布ではなくt分布になる　　*142*

t分布は標本サイズが小さいと正規分布より裾野が大きくなる　　*143*

目　次

t 分布は標本サイズ（自由度）が大きくなると標準正規分布になる　*146*

2つの母平均の差の検定では t 統計量を使う　*147*

健康食品の効果を2つの母平均の差の検定で分析する　*147*

棄却域の境界値は1.96ではなく、t 分布の数値2.011を使う　*149*

2つの母平均の差の検定の結果から何がわかるのか　*150*

同じ平均値の差でも、標本サイズが大きくなれば帰無仮説を棄却できる　*150*

血圧が4mmHg下がることは、高血圧が治ると言えるほど高い効果なのか　*152*

検定統計量は暗記するよりも、なぜ違うのかを理解する　*153*

第10章　チョコレートを食べるとノーベル賞が取れるのか（散布図と相関係数）————— *155*

2つの変数の関係を調べたいときにどうするか　*156*

散布図で2つの変数の関係の方向性（正・負・無）がわかる　*156*

散布図で2つの変数の関係の強さが「ある程度」わかる　*158*

明治時代の政府支出の外れ値を発見せよ　*159*

外れ値は原因を調べて削除するかを考える　*160*

相関関係の強さを数値で表現できる相関係数　*161*

相関係数は2変数の共分散を標準偏差の積で割って算出　*162*

相関係数を利用するときの4つの注意点　*166*

第11章　広告費を増額すると売上高はどうなるか（単回帰分析）————— *173*

双方向の相関係数、一方通行の回帰分析　*174*

相関係数は散らばりの少なさ、回帰分析は直線の傾き　*176*

回帰分析の直線の傾きは、データ点からの面積の総和を最小にする　*177*

回帰分析における具体的な計算方法　*178*

第1ステップは広告費（X）の偏差平方和　*179*

回帰係数（傾き a）はプラスであればよいのか　*182*

エクセルで実施した回帰分析結果を解釈してみる　*182*

回帰係数が「統計的に有意」は、「証明」や「効果が高い」まで意味しない　*188*

第12章　いろいろあるけれど一番の原因は何なのか（重回帰分析）————— *191*

現実では原因が1つではないことが多い　*192*

「重」回帰分析にはメリットが多い　*192*

「単」回帰に比して「重」回帰は4つのメリットあり　*193*

xi

1つ目のメリットは、複数の説明変数の影響を比較できること　*194*

2つ目のメリットは、回帰式の説明力（決定係数）がアップすること　*196*

3つ目のメリットは、条件をそろえて比較（イコール・フッティング）できること　*197*

「重」回帰分析では、「変数の組み合わせ（*F*値）」も解釈する必要あり　*199*

「重」回帰分析の分析結果の吟味　*202*

「重」回帰分析特有の問題　*204*

第13章　足したり掛けたりできない数字 （尺度とクロス集計表） ———— *207*

数字だからといって、示す意味が同じとは限らない　*208*

数字は、4つの尺度（名義・順序・間隔・比率）に分けられる　*208*

名義尺度は、社員の仕事スタイル　*210*

順序尺度は、取引先の好感度ランキング　*211*

間隔尺度は、テストの偏差値　*211*

比率尺度は、転職エージェントの出した推定年収　*212*

尺度の種類と、代表値および可能な計算方法の関係　*212*

質的変数はヒストグラムや散布図が使えない　*214*

質的変数の分析に便利なクロス集計表　*215*

クロス集計表の作成には「仮説」が重要　*216*

商品Aと商品Bの顧客層は同じなのか　*217*

健康診断を行っても医療費が節約できないのはなぜか　*219*

健康診断後の医療機関への受診行動は予想外の結果　*220*

第14章　故障の有無を回帰分析する （カイ二乗検定とロジスティック回帰分析） ———— *221*

クロス集計表の割合の違いは、標本変動によるものか　*222*

質的変数で利用できるカイ二乗検定　*222*

カイ二乗検定は、「独立性の検定」と「適合度の検定」がある　*223*

「独立性の検定」の帰無仮説は「2つの変数は関係がない」　*223*

工場の機械のメンテナンス方法の変更は、故障を減らしたか　*224*

実測値から2つの方法の平均値（期待値）を算出して偏差を計算　*225*

複数の要因が機械の故障に与える影響を分析するには　*228*

名義尺度を被説明変数にした回帰分析（ロジスティック回帰分析）　*229*

名義尺度を説明変数に入れるにはダミー変数を利用　*231*

パラメトリック統計とノンパラメトリック統計の比較　*232*

目　次

第15章　統計学はデータサイエンスの基礎なのか（本書のまとめから機械学習へ）——— 233

「AIで何でもできる」は本当か　*234*

統計学と機械学習はデータサイエンスの仲間　*236*

「人工ニューロン」はロジスティック回帰分析と似ている　*242*

ニューラル・ネットワークは、人工ニューロンの集合体　*243*

AIの導入は、実証実験（PoC）ができる人材が鍵　*245*

3つの力が全て高水準のスーパーマンよりも、ビジネス力をベースにするべき　*246*

新しい技術はツールなので、使いこなせる能力と利用できる材料にあわせて　*247*

索　引　*249*

xiii

第1章 統計学の基礎知識の体系（本書のガイダンス）

補足資料

● 第1章の内容を解説したYouTube動画
https://youtu.be/v2aYNpLDZLg

● YouTube動画で使用したパワーポイント
https://drive.google.com/file/d/1bh8ZUNbtJ-DI3dL-DwqgPO7w9eJJ_MI/view?usp = sharing

まず、本書の体系図で各章の関係を知る

本書は、データサイエンスの基礎を身に付けるために必要な、大学1、2年生が学ぶべき統計学の基礎知識を講義する際に利用する教科書です。特徴としては、数学やその関連知識に苦手意識を持っている文系学生や、すでに社会人になり数学の学び直しが時間的に困難な皆さんに向けて、数式で行われる表現をグラフに置き換えて、理解しやすくしました。

図表1-1は、本書の内容を章ごとの関連を示した構成マップにしたものです。目次があるから必要ないと考えた方は、統計学や数学に自信がある方ではないでしょうか。もし自信がない場合には、本章（第1章）で、学習内容の全体像を見て、各章がどのような位置付けになっているか知っておいた方がよいでしょう。なぜなら、統計学や数学などでは積み上げ型の学習が必要とされます。レンガのように組まれた知識体系の下の基礎部分を理解していないと、その上の部分を理解することが困難です。つまり、図表1-1の下の部分がわからなければ、上の部分はもっとわからなくなるのです。図表1-1を見ておけば、途中でわからなくなっても、どこに戻って復習をすればよいかがわかるという訳です。なお、人工知能や機械学習のために本書を手に取った方は、第15章を先に読んだ方が、これから学習する内容との関係がわかるためよりよいと思います。

第2章　何でも平均値で大丈夫なのか（代表値と散布度）

第2章は誰にでもお馴染みの「平均値」からスタートします。入口でつまずいてしまうと困りますから、まずはかなり簡単な「代表値・散布度」（散布度は分散や標準偏差を指します）を押さえます。実は、平均値はデータの特性を1つの値で示す代表値の種類の1つです。データの特性によっては、平均値がデータ全体を把握するのに適切でない事例を示して、他の代表値である中央値や最頻値も理解してもらいます。

さらに、最初の関門となる「標準偏差」については、平均偏差 → 分散 → 標準偏差とわかりやすい順番に段階を踏んで、その計算方法を図表でわかりやすく示します。データのバラツキの大きさを示す「散布度」（標準偏差や分散）の計算のもとになる「偏差」（平均値と観測値の差）は、後で様々な計算の際

図表1-1 本書の構成と学習内容（平均値から回帰分析まで）

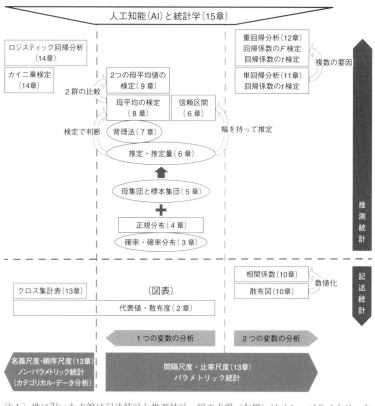

注1）横に引いた点線は記述統計と推測統計、縦の点線（左側）はノン・パラメトリック統計とパラメトリック統計、縦の点線（右側）はパラメトリック統計の1変数の分析と2変数の分析の境目をそれぞれ示している（本書のノンパラメトリック統計は離散変量の分析のみ）。
注2）長方形の内容は具体的な分析方法を指し、楕円の内容はコンセプト（概念）を指している。

に出てくる重要な概念です。

第3章　確率的に生きるか確定的に生きるか（確率論と期待値）

次に、推測統計（図表1-1では横に引いた点線の上側）に入り、その本質を理解するために4つの基本的な概念を学んでいきます（概念は、図表1-1では楕円で示しています）。

第3章では「確率」と「確率分布」の概念をお伝えします。すぐに確率の計算方法にいくと、暗記に頼って確率分布の本質を理解することを怠ってしまう恐れがあります。そこで、普段の生活で使うことがあまりない「確率的な思考」を、確率的の反対語の「確定的」と対比させてイメージを持ってもらいます。その後で、基本的な確率の計算方法を確認します。

また、確率的な変数の平均値である「期待値」について、恋愛の告白を事例にして説明し、理解を深めてもらいます。さらに、当選確率と当選金額の組み合わさった宝くじを「確率変数」の例にとり、宝くじを1枚買った場合に予想される平均当選額を期待値として計算してみます。これで、「確率」と「確率変数」と「期待値」が1セットになります。

第4章　学業成績の確率分布と偏差値（正規分布）

第3章で学んだ確率分布の具体例として、最もよく使われる「正規分布」を第4章で取り上げます。最初に、時代劇によく出てくるサイコロ博打を例にとり、確率変数の実現値（2つのサイコロの目の和）とその確率がどのように分布するかを図表で見ます。

次に、「ゴルトン・ボード」という科学館によくある実験装置を紹介しながら、確率変数としてシンプルかつ最もよく使われる「正規分布」のイメージにつなげます。自然界に存在する多くの現象が、正規分布というシンプルな確率変数で表現できることは面白い事実です。例えば、学業成績が自然と正規分布するからこそ「偏差値」が利用できます。社会科と数学のテストの点数からどのように偏差値が計算されるかをグラフで示しながら、正規分布の特性を理解してもらいます。偏差値（統計学では「Tスコア」が正式名称）が理解できたら、同じ性質を持つ「Zスコア」に進みます。

第5章　街頭アンケートはあてになるのか（母集団と標本）

推測統計での2つめの概念は、「母集団と標本」です。ここでは、統計学が発展した大きな理由の1つである、一部のデータから全体像を知るという仕組みを理解します。

世の中には多くの統計やデータがありますが、実はそれらは全体の一部を抜

き出したものに過ぎません。もちろん、時間とお金が無尽蔵にあれば全体を調査できるのですが、予算や時間的制約から一部に留まっている場合が多いのです。このため、手元にあるデータ（標本）は、全体（母集団）に比して2種類のズレ（誤差）を含む可能性があります。このうちの1つである「系統」誤差で大失敗した例として、米国の週刊誌である『ダイジェスト』誌の大統領選の当選予想の例をご紹介します。そのうえで、街頭アンケートの事例をもとに、どのような行動が系統誤差を生むのかを検討していきます。そうすると、標本を抽出する際に、ランダム（無作為）であることが、母集団を知るうえで重要なことが理解できます。

第6章　台風の予報円は信じてよいのか（標本変動と信頼区間）

　母集団と標本の概念が頭に入ると、いよいよ標本から母集団を予想する「推定」という概念に入ります。この推定には2種類ありますが、まずは幅を持って予想する「区間推定」を、天気予報でおなじみの台風の予報円を例にイメージをもってもらいます。

　次に、5つのボールが入った袋から2つのボールを取り出す試行を何度も行い、そのたびに得られる標本の平均値（標本平均）を集めてグラフ化すると確率分布することを説明します。この確率分布が正規分布なので、横軸（数値幅）から縦軸（確率）を求めれば、信頼区間を求めることが可能になります。具体例として、知能指数（IQ）テストの得点と工場の品質管理手法を挙げながら、信頼区間の推定を体験してもらいます。

第7章　隠れた浮気を見破る方法（背理法と帰無仮説）

　2つある推定の1つである区間推定がわかったところで、対極に位置する「統計的検定」に移ります。「統計的検定」では、ある特定の数値について判断を行うため、区間推定にない2つの工夫をする必要があります。

　1つめの工夫は「背理法」で、例えば浮気を疑った場合に、浮気をしていないと仮定して矛盾した事実（外泊する）が起きないかをチェックする方法です。2つめの工夫は「検定統計量」で、第4章で出た「Zスコア」も検定統計量の1つになります。これによって、浮気をしていないと仮定した場合に観察

された事実（外泊する）が起こる確率を計算できます。もしその確率が稀なほど低いのであれば（5％以下）、浮気をしていないという仮定を覆し、浮気をしていると結論付けるのが、統計的検定の考え方です。ここでは、第6章で出たIQの事例を今度は点推定（母平均の検定）で行ってみます。最後に、第6章の区間推定と第7章の統計的検定（点推定）を比較したグラフで、双方が表と裏の関係にあることを理解してもらいます。

第8章　薬品の含有量はきちんと守られているのか（母平均の検定）

　第8章では、シンプルで理解しやすい「母平均の検定」を、第7章（IQの例）を振り返りながら、今度は工場の例でより詳しく説明します。

　工場の例ではIQの場合とは異なり、母標準偏差（母集団の標準偏差）がわからないという複雑なケースです。幸いなことに標本サイズ（標本の規模の大きさ）が大きいため、今回も検定統計量としてZスコアを使うことができます。これらの情報を使いながら工場で生産されている薬品の含有量が、指定されている120mlを守っているかどうかを確率的に判断します。

　統計的検定は数学の証明と異なり、5％以内であれば間違えて判断することを許容しています（第1種の過誤）。もともと一部の標本から全体（母集団）を推定（予想）するのですから、ある程度の制約はあることはわかりますが、なぜ5％を判断基準に用いるのかについて、2つの過誤（第1種の過誤と第2種の過誤）も含めた概念図で説明します。

第9章　健康食品で血圧は下がるのか（2つの母平均の差の検定）

　シンプルな「母平均の検定」を理解したところで、今度はよく使われるであろう「2つの母平均の差の検定」に入ります。健康食品を事例に、食べたグループ（25人）と食べていないグループ（25人）の標本を比較して、血圧の母平均値に差があるかどうかを検定で判断します。標本の比較で血圧が改善されても、それはたまたま運のよい人達で、あなたも含めた母集団（食べる人の全体）の血圧が改善されなければ意味がありませんね。蛇足ですが、巷で販売されている健康食品では、統計的検定で厳密に検証された例はほとんどないと考えられます。

第1章　統計学の基礎知識の体系

今回は、Zスコア（Z統計量）ではなく、t統計量を使うケースに該当します。標本サイズが小さくても正確な検定を可能にしたt検定を、ギネスビールのゴセットの論文を紹介することで理解してもらいます。さらに、統計的検定で、標本変動によるランダム誤差を考慮しても2つのグループに差があることが判断された場合に、どのようなことが言えるのか（健康食品が血圧を下げることが証明されたわけではありません）を丁寧に解説します。

第10章　チョコレートを食べるとノーベル賞が取れるのか（散布図と相関係数）

これまでは、1つの変数（血圧や薬品含有量）についての分析でした。ところが、現実には2つの変数の関係を知りたい場合もあります。例えば、大学生の勉強時間と学業成績の関係や、高校生の身長と体重の関係などです。このように2つの変数の関係を視覚的に把握できる便利なグラフが散布図です。散布図の例を示しながら、2つの変数の関係をどう表現するかを説明します。

視覚的にわかりやすいのですが、定量的に関係の強さがわからない散布図を補完するのが、関係の強さを－1から＋1の数値で示す相関係数です。この相関係数の計算方法をグラフ化（計算式なしに）して説明し、その仕組みを理解してもらいます。ただし、相関係数を利用する際には注意すべき点がいくつかあります。特に、実は関係がないのに、見かけは関係があるように見えてしまう「疑似相関」を、チョコレートの消費量とノーベル賞獲得数の関係から説明します。

第11章　広告費を増額すると売上高はどうなるか（単回帰分析）

2つの変数の連動の強さ（相関関係）は相関係数（第10章）を使えばわかりますが、原因となる変数（広告費）の数値が変化したときに結果となる変数（例えば売上高）がどのくらい変化するかはわかりません。このように、広告費 → 売上高のような一方通行の影響を知りたい場合には、回帰分析を用います。第11章では、原因の変数（X）が1つで、結果の変数（Y）が1つの「単」回帰分析を学習します。最初に、散布図上のデータから直線を引く形で回帰分析を行い、直感的に理解してもらいます。そのうえで、引かれた回帰直線の傾き（回帰係数）と相関係数を比較して、その意味を説明します。回帰分

7

析の具体的な計算方法については、全体像をグラフ化したものと、段階的に個別の計算部分をグラフ化したものの両方を使って説明します。

　さらに、回帰分析の結果を解釈するために、Microsoft Excel（エクセル）上での分析結果から、どのような内容を示しているかを説明します。統計的検定と異なり、回帰分析では分析結果を読み解くためには、回帰係数の数値に加えて決定係数や t 統計量をあわせて考える「解釈」が重要です。

第12章　いろいろあるけれど一番の原因は何なのか（重回帰分析）

　第11章では原因の変数（X）が１つでしたが、現実には様々な原因が結果をもたらしている場合の方が多いでしょう。例えば、ファミリーレストランの来客数には、単に価格と味だけでなく、メニューの品揃えや駐車場の大きさも少ながらず影響を及ぼしているでしょう。このように複数の原因（$X_1, X_2, X_3, ...$）が結果（Y）に影響を及ぼしている場合には、「重」回帰分析が利用されます。重回帰分析は、原因となる変数（X）を複数設定できるだけでなく、分析モデル（原因となる変数の組み合わせ）が結果となる変数（Y）の変化を説明できる割合（決定係数）も増加するなど、多くのメリットがあります。具体例として、ファミリーレストランの来店客数（Y）を使って、エクセルの出力結果を参照しながら説明します。

　重回帰分析は高性能な武器ですが、使いこなすには相応の技術が必要になります。例えば、分析結果の解釈には、回帰係数・決定係数・t 値に加えて、分析モデルが適切かどうかを示す F 統計量もチェックする必要があります。また、重回帰分析の特有の問題として、多重共線性（通称マルチコ）の問題を、心臓病の死亡率（Y）と脂肪摂取量（X_1）およびタンパク質摂取量（X_2）の事例で紹介します。

第13章　足したり掛けたりできない数字（尺度とクロス集計表）

　これまでは何の疑問もなく数字を扱ってきましたが、データを分析する際には、数字を４つの「尺度」に分けて考える必要があります。例えば、同じ「１」でも１円であれば、１＋１＝２となりますが、順位の１位であれば、１位＋１位＝２位とはなりませんね。この４つの尺度の違いを従業員の人事

評価を例にして詳しく説明します。

この尺度の違いが理解できれば、尺度によって代表値（平均値や中央値）や演算（加減乗除）などに制限があることがわかります。厄介なことに、このような質的変数（名義尺度と順序尺度の変数）は、散布図の変数や回帰分析の原因となる変数（Y）に利用できません。

図表1-1では左にある縦の点線の左側は、「ノン・パラメトリック統計（特に、カテゴリカル・データ分析)」と呼ばれる分野になります。ここでは、2つの質的変数の関係を分析する手法として、「クロス集計表」をご紹介します。このクロス集計表の利用には、事前に仮説を設定することが重要であるため、2つの商品と購買層の事例と、健康診断と従業員の行動の事例の2つについて、仮説とクロス集計表による検証を段階的に説明します。これによってビジネスの現場でも、単に従来の経験からの思い込みなのか、想定外であるがデータで確認できた事実なのかを判別することが可能になります。

第14章　故障の有無を回帰分析する（カイ二乗検定とロジスティック回帰分析）

第13章のクロス集計表の数値の差は、標本変動などのランダム誤差の範囲なのか、それとも統計的に見て意味のある差なのか知りたいところです。第14章では、クロス集計表に利用できる「カイ二乗検定」を紹介します。具体的には、工場でメンテナンス方法を変更した場合に、故障の有無（名義尺度）に改善が見られるかどうかという事例を用いて、カイ二乗検定の検定統計量の算出方法を、連続する7つの表を用いて丁寧に説明します。その結果、メンテナンス方法の改善は故障の減少と関係があることが理解できます。

しかし、今度は別の要因（工場の稼働時間や気温）も故障に関係しているという意見が出てしまいます。様々な原因が結果に影響を及ぼしている場合には「重回帰分析」がありますが、被説明変数（Y）が故障の有無（名義尺度）の場合には、ロジスティック回帰分析が使えます。質的変数で回帰分析を行うための2つの工夫を説明するとともに、分析結果の解釈方法を紹介します。また、重回帰分析において、質的変数を説明変数（X）として利用したい場合に使える「ダミー変数」についても説明しています。

第15章　統計学はデータサイエンスの基礎なのか（本書のまとめから機械学習へ）

　最終章では、本書のこれまでの内容を、人工知能（AI）や機械学習との関係からまとめています。統計学は、分野によって特異な発展をする場合があり、経済学では計量経済学が、バイタル・データ（医学や薬学など）では生物統計学がこれにあたります。実は、人工知能の中核技術とされている機械学習についても、統計学と共通点が多いことを図で説明します。機械学習には、学習方法とアルゴリズムが重要ですが、第14章のロジスティック回帰分析自体もアルゴリズムの1つとして機械学習で使用されています。さらに、アルゴリズムの1つであるニューラル・ネットワークの人工ニューロン（ユニット）とロジスティック回帰分析の共通点を指摘し、ディープ・ラーニングの仕組みを解説します。

　また、データサイエンティストに必要とされている3つの機能について、特に第1のビジネス力と第2のデータサイエンス力において、本書のほとんどの章が基礎的な知識を提供していることを説明します。これによって、本書の学習内容が次の発展的な技術習得において有用であることを改めて実感していただけると思います。

第2章 何でも平均値で大丈夫なのか
（代表値と散布度）

補足資料

● 第 2 章の内容を解説した YouTube 動画

https://youtu.be/-wcn6o0FKrQ

● YouTube 動画で使用したパワーポイント

https://drive.google.com/file/d/1DDB1n9KAi4xSPFJ0SfvPV9__6DeVZQw9/view?usp = sharing

● 第 2 章の演習用エクセルファイル

https://drive.google.com/file/d/1PoR1xII1hTK5SQYMidzYgsUA5xwsozEN/view?usp = sharing

■■ データを直接見ても、その内容は見えてこない

　突然ですが、クイズです。あなたは、ある製造会社の品質管理の担当者です。この会社は埼玉と千葉に２つの工場を保有しています。この２つの工場で製造されている商品について、規定量が入っていないとの苦情がユーザーから寄せられました。ただし、埼玉工場と千葉工場のどちらが製造した商品なのかはわかりません。また、逆に、指定した内容量（基準値）よりも多すぎると会社が損をします。あなたの上司は、２つの工場から提出されたデータを用いて、製造においてどちらの工場が優れているかを判断するように指示しました（図表２-１）。

　あなたは何度も数値を見比べますが、よくわかりません。このように、内容量の１つひとつのデータを一覧しても、全体像は見えないのです。このときに、手元にあるデータを要約して多数のデータの特性を把握するために利用されるのが「記述統計」と呼ばれるもので、「基本統計量」は１つの数値でデータの特性を要約する手法です。

図表２-１　ある会社の埼玉工場と千葉工場の製品の内容量のデータ

埼玉工場

119.5	121.5	115.0
119.0	119.0	119.0
119.5	120.5	119.5
120.0	120.5	119.5
118.0	120.0	121.5
117.5	120.5	122.0
118.5	118.5	121.0
121.0	120.0	117.0
118.5	119.5	120.0
116.0	120.0	119.0

千葉工場

120.0	120.0	120.5
119.5	119.0	121.0
119.0	118.5	123.0
121.0	119.5	118.5
119.0	100.5	122.0
120.0	121.5	120.0
119.5	119.0	120.0
122.0	120.5	119.5
120.5	121.0	120.0
120.5	118.5	119.5

記述統計の要は、代表値と散布度

　ここで早くも心配になった方は、基本統計量の体系を示した図表2-2を見てください。見慣れた「平均値」があるので安心したのではないでしょうか。そうです、記述統計は「代表値」と「散布度」が主な指標で、代表値の「代表選手」が平均値です。つまり、平均値とは、数多くのデータ（観測値）の特徴を1つの数値で「代表」する役割を持つ指標の1つなのです。

図表2-2　基本統計量として利用する数値

```
                            ┌─→ 平均値
                            ├─→ 中央値
                  ┌─ 代表値 ─┼─→ 最頻値
                  │         ├─→（最大値）
基本統計量 ───────┤         └─→（最小値）
                  │         ┌─→ 分散
                  └─ 散布度 ─┼─→ 標準偏差
                            └─→ 範囲
```

代表値はデータのカタマリの全体を 1つの変数で要約する

　基本統計量としてよく利用する数値（図表2-2）のうち、特に「平均値・中央値・最頻値」を代表値と呼びます。代表値のうち、最もよく利用されるのは平均値です。例えば、ゴールデンウィークの東京の最高気温のデータは、4/29：23度、4/30：26度、5/1：24度、5/2：25度、5/3：26度、5/4：26度でした。しかし、1日1日を見ても、暑い日や寒い日もあり、よくわかりません。ところが、ゴールデンウィークの最高気温は平均値で25度と示せば、平年程度であるかどうかの判断ができます。

　大変恐縮ですが、ここで「平均値」（英語でmean）の算出方法をおさらいしておきましょう。図表2-3には、あなたの友人5人（AさんからEさん）

図表2-3　5人の財布に入っている千円札の枚数

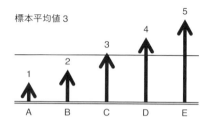

の財布に入っている千円札の枚数（1枚から5枚）を示しています。

　平均値は、5人の枚数の合計値（15枚）を人数（5人）で割れば出てきますので、平均値は3枚になります。簡単ですね。この平均値は別の表現ができます。図表2-4を見ていただきますと、平均値の3枚が横線で示されて、一人ひとりの枚数の平均値（3枚）との差（これを偏差と呼びます）が負の場合は上向きの破線の矢印で、正の場合は下向きの破線の矢印で示されています。「偏差」はCさんを除く4人で見られ、数値は－2、－1、＋1、＋2の4つです。この偏差を合計すると0になります。つまり、平均値とは偏差の合計が0になる数値とも考えられます。

図表2-4　平均値から見た偏差の合計値は0になる

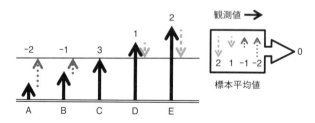

　皆さんが何の疑問も持たず利用する平均値には、実は大きな弱点があります。それは、1人だけ千円札を15枚も財布に入れている人がいる場合に明らかです。Eさんの代わりにE'さんが入った図表2-5を見てみると、E'さんのせいで合計値が15枚から30枚になってしまい、5人で割ると平均値は5枚になります。この5枚はAさんからDさんまでの枚数より多く、しかも千円札5枚

を財布に入れている人はE'さん以外にはいません。つまり1人だけ多くの枚数を持つ人が現れると、平均値はデータの要約がうまくできない場合が多いのです。このE'さんのように極端な値を持つ観測値を「外れ値」(英語でoutlier)と呼びます。このように、平均値は外れ値に弱いのです。

図表2-5　外れ値があると、平均値は変な値になってしまう

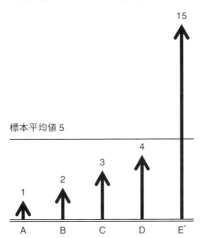

このような状況で平均値の代わりに使われるのが、「中央値」(英語でmedian)です。図表2-6を見ますと、中央値は5人が数値の順番に並んだときに、真ん中に立っているCさんの値(3枚)を指します。Eさんの値が外れ値で非常に大きくなっても(例えば、E'さんの15枚より大きな50枚になっても)、影響を受けないことがわかります。

図表2-6　中央値は順番に並んだときの真ん中の人の値

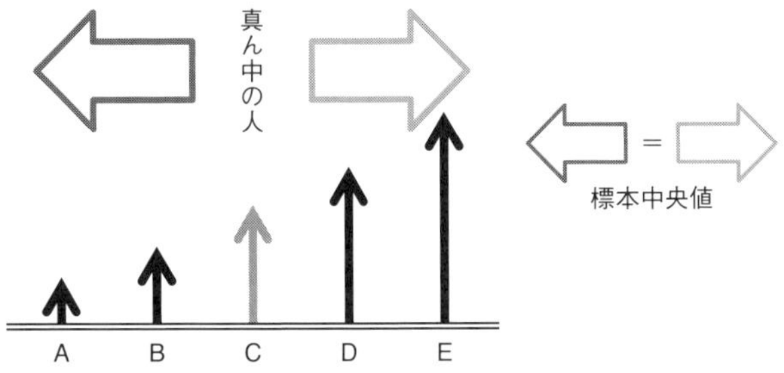

図表2-6のように、人数が奇数の場合には真ん中の人に決まりますが、偶数（例えば6人）の場合には、真ん中の人が2人になってしまいます。このような場合には、中央に位置する2人の平均値が中央値となります。

図表2-7　ある値を持つ人が多ければ最頻値も利用できる

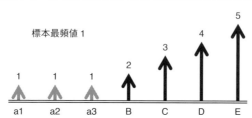

　次に、Aさんと同じ千円札1枚の人が、a1、a2、a3の3名に増加した図表2-7を見てみましょう。この財布に千円札が1枚入っている3人が集団を代表していると考えることもできるでしょう。実は、このように財布に入れている千円札の数が一致する人数が多い枚数（最も頻度が高く出現する値）を「最頻値」（英語でmode）と呼びます。

📊 日本の家族ごとの貯蓄額の代表値は平均値でよいか

　それでは、具体的な事例で考えていきましょう。図表2-8は日本の世帯（家族）ごとの貯蓄額について、一定の金額を区切って、該当する世帯数が全体に占める割合を示したヒストグラムというグラフです。驚いたことに、世帯の占める割合が最も高いのは貯蓄額100万円未満で、全世帯の10.0％になります。また、全体の分布形状も貯蓄額が高額になるほど割合が小さくなる形になっています。

　このような状態で、全世帯の貯蓄額の平均値は1812万円とかなり高く、平均値が含まれる貯蓄額が1800万円～2000万円のグループは、全世帯の3.1％しかありません。全世帯に占める平均値より低い貯蓄額の世帯は60％以上になります。これでは、平均値は代表値として世帯別の貯蓄額をうまく要約していると

図表2-8 世帯（家族）ごとに見た貯蓄額の割合

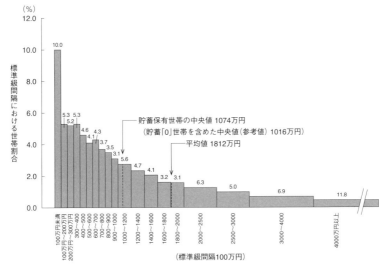

出所）総務省統計局「家計調査報告（貯蓄・負債編）―平成29年（2017年）平均結果の概要―（二人以上の世帯）」。

は言えないですね。

では、中央値や最頻値を見てみましょう。中央値ではちょうど真ん中の世帯の金額は1016万円となります。最頻値は最も割合が高い100万円未満となります。このように世帯別の貯蓄額の場合には、平均値より最頻値や中央値の方が代表値としてよいようです。この問題は新聞等のマスコミでも認識されるようになり、平均貯蓄額が長年報道されていましたが、最近では中央値もあわせて報じられるようになりました。

最大値および最小値が特性を示す場合もある

図表2-2をもう一度見ますと、最大値と最小値がありますが、役に立つことがあるのでしょうか。例えば、災害に関する変数では、地震ではゆれの大きさを示す「震度」や、台風では雨水の量を示す「降水量」が注目を集めます。

この場合、余震も含めて震度の最大値である最大震度や、時間ごとに区切った降水量の最大値の最大降水量が報道されます。医療分野でも血圧測定の際には、平均血圧よりも最大血圧と最小血圧が診療に利用されます。

次に、代表値と並んでよく利用される散布度について見てみましょう。

同じ平均賃金でも、バラツキが異なる会社を見抜く散布度

大学生が α 社と β 社から内定をもらいました。どちらも従業員は10人で、その平均賃金は600万円でした。この2社について、どちらを選ぶかの情報を得るために、代表値（今回は平均値）以外に、同じ平均値でもばらつきの大きさを示す「散布度」を見てみましょう。

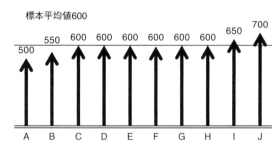

図表2-9　α 社の10人の賃金の分布

まず、図表2-9は α 社の10人の賃金を示しています。α 社の10人の賃金は、最小値が500万円で最大値は700万円と賃金の違いが小さく、平均値の600万円と同じ賃金の人が6人もいます。

一方、β 社の10人の賃金は、最小値が300万円で最大値は1000万円と差が大きく、平均値の600万円よりかなり低い300万円の人や、かなり高い1000万円の人もいるようです（図表2-10）。このように平均値が600万円と同じであっても、会社によって賃金のバラツキが異なることがわかります。平均値と一緒にバラツキを示す「散布度」が必要とされる理由です。

図表2-10　β社の10人の賃金の分布

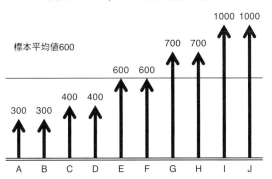

平均賃金が同じ2社の賃金のバラツキを平均偏差で表す

　散布度を示す指標はいろいろあります。ここでは計算が簡単な平均偏差から分散、そしてよく利用される標準偏差と、順々に見てみましょう。

　まず、平均値の算出方法の説明（図表2-4）のところで、平均値と観測値の差を「偏差」と呼びました。この偏差をα社の賃金の分布でも見てみましょう（図表2-11）。

図表2-11　α社の10人の偏差の平均値（平均偏差）

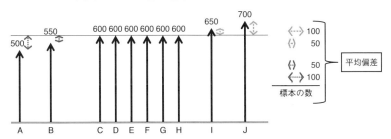

　α社の賃金の平均値は600万円ですから、Aさんの賃金500万円との偏差は−100万円になります。Bさんの場合は550万円−600万円より、偏差は−50万円です。CさんからHさんの6人は、平均値と同じ600万円ですので、偏差は0

万円となります。Iさんは650万円−600万円より、偏差は50万円になります。最後にJさんは、700万円と600万円の差で100万円となります。

　これらの偏差は、そのまま合計すると平均値の計算方法でご説明したように、０万円になってしまいます。そこで、偏差を全て絶対値（正の値）にして合計します。すると、$100+50+50+100=300$となります。この300を10人で割ると、偏差（の絶対値）の平均値である30が平均偏差となります。同様にして$β$社の平均偏差を求めると、$(300+300+200+200+100+100+400+400)÷10$より、平均偏差は200となります。したがって、同じ平均賃金の２社の平均偏差を比較すると、$α$社では30、$β$社では200と、$β$社の方が賃金のバラツキがかなり大きいことがわかります。

▪ 2乗して正の数値（面積）にして扱う

　平均偏差はわかりやすいのですが、絶対値を使用するため計算する際に不便です。このため、実際にはあまり利用されていません。できれば、偏差を簡単に全て正の値にして計算したいところです。このための方法が、「負の値×負の値＝正の値」の性質を利用して、偏差同士を掛け合わせて「２乗」する方法です。２乗と聞くと難しそうですが、aの２乗は$a×a$で、その値は１辺の長さをaとする正方形の面積を表しています。

図表２-12　ピタゴラスの定理が生まれた（と伝わる）タイル

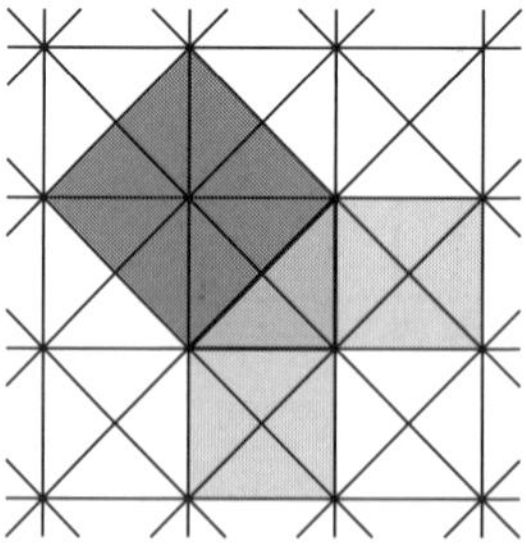

　少し気分を変えて、図表２-12のタイルを見てみましょう。真ん中の直角二

等辺三角形には長い斜辺（a）と直角を挟む2辺（bとc）があります。長い斜辺（a）を1辺とする正方形が濃い網掛けのタイルです。その面積は、真ん中の三角形の斜辺の長さaを用いて$a \times a$（つまり正方形なので2乗）になります。右側にある薄い網掛けのタイルの面積は、真ん中の三角形の1辺の長さbを用いて$b \times b$（つまり正方形なので2乗）で、下側にある薄い網掛けのタイルの面積は、真ん中の三角形の1辺の長さcを用いて$c \times c$（つまり正方形なので2乗）になります。

タイル1枚1枚はみな同じ形です。タイルの枚数を数えると、濃い網掛けの正方形の面積はタイル8個分で、薄い網掛けの正方形の面積はそれぞれ4個分ずつになっています。したがって、濃い網掛けの正方形の面積と、2つある薄い網掛けの正方形の面積の和は等しくなります。つまり、直角三角形の場合には、$a^2 = b^2 + c^2$ が成立します。

ピタゴラスはこのタイルの模様を見ていて、三平方の定理（ピタゴラスの定理）がひらめいたと伝えられています。

図表 2-13　偏差の2乗値から分散を算出する方法（α 社）

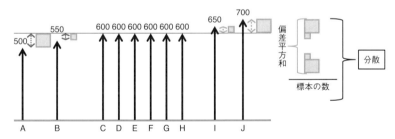

偏差の2乗値（面積）の平均値が「分散」

図表 2-13は、α 社の平均偏差の2乗を計算する方法を示しています。平均偏差のところで見たように、A さんの偏差は－100ですので、2乗（$(-100) \times (-100)$）すると10000となります。B さんの偏差は－50ですので、2乗（$(-50) \times (-50)$）すると2500になります。I さんの偏差50の2乗の2500

と、Jさんの偏差100の2乗の10000を全て合計すると、偏差の2乗の合計値（これを偏差平方和と呼びます）は25000となります。これを、10人で割ると、分散の値である2500となります。

同じようにβ社の場合は、偏差平方和600000を10人で割って分散を計算すると、60000となります。この分散を比較すると、やはりβ社の賃金のバラツキが大きいことがわかります。

2乗した偏差を0.5乗して戻すと標準偏差

分散は散布度の代表的な指標で、すでにご存じの読者の方も多いと思います。この分散は計算がしやすいのですが、偏差を2乗するため数値がかなり大きくなってしまいます。平均値が600万円で桁数が3桁の分布の分散値は、β社では60000と桁数が5桁になっています。元のデータと桁数や単位があまりにも異なると、指標として使いにくい点が出てきます。そこで、分散の数値を0.5乗して、元の単位に戻したものが「標準偏差」です。

図表2-14　分散の面積を「0.5乗（平方根）」して1辺の長さに戻すと標準偏差

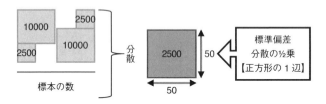

図表2-14には先ほど計算した分散の値2500が示されています。偏差平方和25000を標本の数10で割った2500となります。この分散を右側の正方形の面積に例えると、0.5乗するのは正方形の1辺の長さを見るのと同じですから、その数値は50となります。念のため、標準偏差50に標準偏差50を掛ける（2乗する）と、2500と分散の値になります。逆に分散の値2500を0.5乗すると標準偏差50になります。

このように標準偏差は分散に比して、数値の桁数が元のデータに近くなるた

め、感覚的に取り扱いがしやすいと考えられています。標準偏差で2社を比較すると、平均値600万円に対して、α社は標準偏差が50、β社は標準偏差が約245となりました。

皆さんは、賃金の平均値が同じでも、標準偏差が大きく違うα社とβ社のどちらの会社がよいと考えますか。

基本統計量（代表値と散布度）を示せば、データの特性が理解できる

このように、代表値や散布度を算出することで、データの特性を大まかに要約することができます。学術的な論文でデータ分析を行う場合には、まず分析に入る前に基本統計量を示してデータの特徴を明らかにします。このとき、平均・標準偏差・最大値・最小値などの数値を一覧表にして示します。これによって、分析に使用した変数の特徴を示し、続く分析手法がデータにとって適切であることを主張することができます。

経済学の実証分析では、基本統計量を示さずに分析結果のみを示すのはマナー違反と見なされます。また、卒業論文の作成の際にも、基本統計量を確認せずにいきなり高度な分析に入ったところ、想定したようなきれいな分析結果が得られず、また最初から基本統計量を求めて再確認するようなことが往々にして起こります（教員側は口をすっぱくして注意したつもりなのですが）。

埼玉工場と千葉工場の代表値と散布度を比較する

では、最初のクイズに戻って、埼玉工場と千葉工場のデータの代表値と散布度を使って、製造においてどちらが優れているかを比較しましょう。

まず、代表値として平均値を算出してみると、埼玉工場の平均値は119.30ml で、千葉工場の平均値は120.13ml でした。製品の規定の含有量の120ml に近いかどうかを見ると、埼玉工場は0.7ml 少なく、千葉工場は0.13ml 多いことがわかりました。平均値から規定量との差で見ると、千葉工場の方が

優れていると考えられます。

　製品の含有量はバラツキが少ない方がよいので、今度は散布度として標準偏差を算出してみます。すると、埼玉工場の標準偏差は1.58、千葉工場の標準偏差は1.13で、千葉工場の方がバラツキが小さいことがわかりました。標準偏差で見ても、千葉工場の方が優れています。つまり、代表値で見ても散布度で見ても、千葉工場の方が優れています。

　ところが、埼玉工場の工場長はこう反論しました。「このデータが採取された日は、たまたま製造機械の調子が悪かっただけで、いつもはもっと正確に生産している」。この反論が妥当かどうかは、第6章でわかります。

図表2-1　ある会社の埼玉工場と千葉工場の製品の内容量のデータ（再掲）

埼玉工場

119.5	121.5	115.0
119.0	119.0	119.0
119.5	120.5	119.5
120.0	120.5	119.5
118.0	120.0	121.5
117.5	120.5	122.0
118.5	118.5	121.0
121.0	120.0	117.0
118.5	119.5	120.0
116.0	120.0	119.0

千葉工場

120.0	120.0	120.5
119.5	119.0	121.0
119.0	118.5	123.0
121.0	119.5	118.5
119.0	100.5	122.0
120.0	121.5	120.0
119.5	119.0	120.0
122.0	120.5	119.5
120.5	121.0	120.0
120.5	118.5	119.5

■ ヒストグラムの山が1つなら平均値を採用

　ところで、代表値の中から何も考えずに平均値を選択しましたが、中央値や最頻値にしなくてもよいのでしょうか。もちろん、よくありません。

　図表2-15は、図表2-1（再掲）を「ヒストグラム」にしたものです。ヒストグラムの作成方法は、①ある変数（今回は製品の内容量）の最大値と最小値の間を区切る（これを「階級」と呼びます）、②階級ごとにいくつの製品数（度数）があるかを数える、③グラフの横軸に階級を、縦軸に度数を取って棒

24

グラフを作成する、です。

図表2-15　埼玉工場と千葉工場の標本のヒストグラム

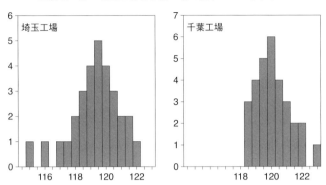

　図表2-15の左側が埼玉工場で右側が千葉工場のヒストグラムです。図表2-8の世帯（家族）ごとの貯蓄額のヒストグラムと違って、山型の形状になっています。このように中央の度数が最も高く、外側にいくにつれて度数が低くなる特性を「単峰性」と呼びます。

図表2-16　ヒストグラムの2つのパターン（左が単峰性、右が双峰性）

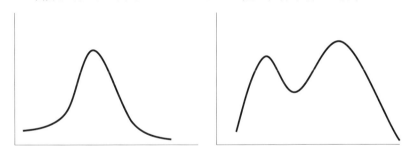

　図表2-16の左側の図は、ヒストグラムの「単峰性」のイメージです。このような形状であれば、平均値は全体の中央にくることが多いため、代表値として適切です。実は、単峰性がある場合には、平均値・中央値・最頻値は似た数値になる可能性が高いのです。不思議なことに、現実の世界で起こる現象の数値はこのような単峰性を持つ場合が多いのです（第4章で詳しく説明します）。
　一方で、図表2-16の右側の図を見ると、「2こぶラクダ」の背中のような

形をしています。この特徴を「双峰性」と呼び、代表値の選択には注意が必要です。安易に平均値を選択すると、2つの山の谷間に入ってしまい、あまり意味のない数値になってしまいます。このような場合には、中央値や最頻値もあわせて検討する必要があります。このように、代表値に何を選択するかは、その変数の分布（ヒストグラムの形状）を見て考える必要があります。

第3章 確率的に生きるか確定的に生きるか
（確率論と期待値）

補足資料

● 第3章の内容を解説した YouTube 動画

https://youtu.be/Gl6X4hdvBK8

● YouTube 動画で使用したパワーポイント

https://drive.google.com/file/d/1pWfnfQ_WwZtRwCtd7aps6gr2klzNWoIi/view?usp = sharing

● 第3章の演習用エクセルファイル

https://drive.google.com/file/d/1NJ0_o0-wvnj0Sk1qU4v48tIGIYIaT5MX/view?usp = sharing

あなたの運命はすでに決まっているのだろうか

　あなたは占いを信じますか？　そうであれば、あなたは自分の人生の運命は
すでに決定しており、努力をしてもその運命はあまり変わらないと考えている
のでしょうか。それとも、人生にはいろいろな選択があり、間違った選択をし
ても努力次第で良い結果を出すことが可能だと考えていますか。

　例えば、受験や就職がうまくいくかどうかは前世の行いに縛られているとい
う考え方（カルマ）の民族もいます。また、すでに運命が決定しているのであ
れば、それを予知できる占い師に聞いておけば、無駄な努力をしないですむか
もしれません。このような考え方は、人生の成功が「確定的」に決まると考え
ていると言えます。

　本章では、少し現実的ではない概念（コンセプト）について説明したいと思
います。私たちが暮らしていくときに、目に見えたり触ったりできるものは理
解しやすいのですが、これから見ていく確率や確率分布の考え方は、普段接す
ることが少ないため、少し回りくどい説明をさせていただきます。

大学生活の幸福は「確定的」か「確率的」か

　「確定的」の反対が「確率的」です。この2つの考え方の違いを見るために、
大学生活を例にとってみましょう。図表3-1は、進学における大学の選択と、
大学生活が幸福かどうかについて示しています。

　確定的な考え方の「運命さん」は、A大学に行けば必ず幸福になり、B大学
に行けば必ず不幸になると考えています。もし、A大学に落ちてB大学に受
かったとしても、待っているのは不幸な生活だけですから、B大学では暗い学
生生活を送ることになります。

　一方で、確率的な「楽観さん」は、A大学に落ちてB大学に受かった場合
に、次のように考えます。A大学に行けば幸福になるかもしれないが（例え
ば80％ぐらいの確率で）、A大学に行って不幸になる可能性もあるはずだ（例

第3章 確率的に生きるか確定的に生きるか

図表3-1 大学進学における確定的および確率的な考え方の違い

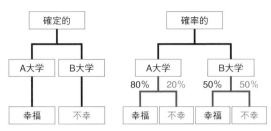

注）左側が「確定的（運命さん）」、右側が「確率的（楽観さん）」な考え方。

えば20％ぐらいの確率で）。B大学に行けば不幸になるかもしれないが（例えば50％ぐらいの確率で）、B大学でも学業を頑張ったり、友人に恵まれたりすれば幸福になるかもしれない（例えば50％ぐらいの確率で）。そうであれば、B大学に入って幸福になる50％にかけてみよう。つまり、大学の違いにより確率は異なるものの、実際に大学生活を送ってみなければわからないと考えているのです。

大学の新学期によく見かける確定論者（学生）と確率論者（教員）のすれ違い

次に、大学の新学期によく見られる、確定的な学生と確率的な教員のすれ違いを見てみましょう。大学の新学期には、学生が授業ごとにオリエンテーションを受けて、その授業を履修するかどうかを判断します。教員は、授業の内容や成績評価の方法を説明して、学生の的確な判断を助けます。

ある確定的な考えの学生が、教員に、「この講義の単位を、自分の今の能力で取れるでしょうか」と質問したとしましょう。すると確率的な考えの教員は、「過去の実績を見ると、履修した学生のうち9割の人が単位を取っていますが、1割は単位を取得できませんでした。あなたがどちらに入るかは、あなたがこの授業の学習にどの程度時間と努力を費やすかによりますので、事前に確定できません」と答えました。しかし、確定的な学生は教員の回答に納得できず、「何て不親切な回答だ。私は確実に単位を取得できる講義のみ受けます」

と言いました。確率的な教員は「そうですか」と受けますが、心の中では「現在の能力で確定的に単位が取れるのであれば、学習効果が0でも単位を与えることになる。大学まで来てなぜ能力を伸ばすことを前提に考えないのだろう」とつぶやきました（実話）。

このように確定的な考え方は、ある出来事（事象）が100％起きると考えます。必ず単位が取得できるというのは、100％の確率で単位が取得できるのと同じですね。一方で確率的な考え方は、90％の確率で単位は取得でき、10％の確率で単位が取得できないが、そのどちらになるかは、事前にはわからないという考え方です。

○か×かよりも、どのくらいの確率かがわかれば現実に対応できる！

皆さんはすでにお気付きかと思いますが、人生の選択はほとんどが確率的な出来事であると考えられます。大学の選択だけでなく、就職先や結婚による人生の伴侶の選択も同じように、確率的な考え方が馴染むのではないでしょうか。

しかし、私たちは単純に正解（○）か不正解（×）のように、物事を単純化して考えがちです（人間の脳自体に、楽をするような傾向があるそうです）。もし確率的な考え方ができれば、私たちの生活の中でより合理的な判断ができるかもしれません。

例えば、突然死の恐怖を感じることがあるかもしれません。何しろ人間は必ず死ぬことはわかっていますが、いつ死ぬかは誰にも（本人にも）わからないのです。特に、身近な人が病気やケガをすると突然現実味を帯びてきて、急に不安になってしまいます。しかし、自分が死ぬ確率は、過去のデータから計算することが可能です。図表3-2にあるように、20歳の日本人男性が1年間に死亡する確率は0.043％です。ことわざでほとんど当たらないことを「千三つ」と言いますが、1000人当たりで0.43人ですので（つまり千に0.4つ）、若者の場合には死ぬ確率は無視できるほど小さいので安心してください。では、その親世代はどうでしょうか。60歳の日本人男性の死亡は1000人当たりで6.4人です

第 3 章　確率的に生きるか確定的に生きるか

図表 3-2　日本人の年代別の死亡する確率

年齢階級	男性死亡率	女性死亡率
20歳	0.043%	0.022%
30歳	0.055%	0.027%
40歳	0.12%	0.057%
50歳	0.24%	0.144%
60歳	0.64%	0.298%

出所)「令和元年簡易生命表」厚生労働省。

図表 3-3　航空会社別の墜落確率

航空会社	死亡件数	確率（%）
日本航空	3.31/100万回	0.0003%
全日空	1.00/100万回	0.0001%
アメリカン航空	10.08/100万回	0.001%
エアーフランス	4.23/100万回	0.0004%
トルコ航空	7.56/100万回	0.0008%

出所)「AirSafe.com」ウェブページ（2020年 8 月11日アクセス）。

から、確率では0.64％になります。150人に 1 人ですから他人事とは思えません
し、20歳の人の15倍の確率になりますから「死亡」が現実味を帯びてきます。なお女性は、どの年齢でも男性の 2 分の 1 の死亡率に留まります。

　今度は、飛行機が重大な事故を起こす確率を考えてみましょう（図表 3-3）。飛行機が死亡を伴う重大事故を起こした回数は業界団体により記録されていますので、飛行回数100万回当たりの死亡率が確率として計算できます。例えば、全日空ではフライト100万回当たりで 1 人死亡の重大事故が起きています。国際便が多い日本航空の場合には、同じ100万回のフライト当たり3.31人の死亡事故が起きています。確率で見ると、0.0001％から0.0003％になります。人生で100回飛行機に乗るとしても、「万が 1 （0.01％）」あるいは「万が 3 （0.03％）」程度の低い死亡確率であることがわかります。図表 3-2 の60歳男性の死亡率と比較すると、20分の 1 程度になります。

　では、見慣れない航空会社で安い航空券を買う場合には、日本の航空会社と

31

どのくらい事故の確率が違うのでしょうか。同じ図表3-3で見ると、筆者がよく利用するトルコ航空が100万回当たり7.56回、アメリカン航空が100万回当たり10.08回と、比較的高い確率になっています。それでも、「万が8から10」ぐらいです。飛行機事故は被害が甚大でマスコミで盛んに報道されますが、実は交通事故での死亡率に比較しても、確率自体はずっと小さいことがわかります。

確率は「分母」で意味が変わる（例えば離婚率）

同じ確率的な出来事である結婚については、「3組に1組が離婚」という確率がよくマスコミで喧伝されています。もしこの数値が、あなたが結婚した場合に離婚する確率を意味しているとすれば、結婚生活が破綻する確率はかなり高いと予想できます。しかし、確率の数値を見る場合には、分母が何かを正確に把握しないと間違った理解をしてしまいます。結婚したカップルは、3分の1の確率で本当に離婚しているのでしょうか。

図表3-4　離婚率は分母の変数によって数値が大きく変わる

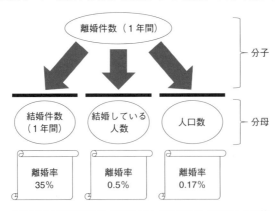

出所）「人口統計資料集（2018）」「人口動態統計（2017）」より筆者作成。

この確率（特殊離婚率）は、2015年の「1年間に離婚した件数」を、「同じ

年に結婚した件数」で割った確率です（図表3-4の一番左の「離婚率」）。少子高齢化の進展で、新たに結婚する若者の数は減少傾向なのに対して、既婚の中高年夫婦の割合が高くなっています。したがって、この離婚率の数値は、ある1時点（2015年）の「離婚件数」と「結婚件数」の割合を示していますが、その「離婚件数」となる夫婦がいつ結婚したのかの情報はありません。したがって、仮に2015年にあなたが結婚した場合に、将来離婚する確率を意味していません。

　厚生労働省が公式統計で示している離婚率（「普通離婚率」）は、0.17％とかなり低い数値です（図表3-4の一番右の「離婚率」）。この数値は、2017年の「離婚者数」を、同じ年の「人口数」で割ったものです。分母の人口数には赤ちゃんからお年寄りまで含んでいますから、この確率もあなたが結婚した場合に離婚する確率とは異なるようです。

　他には、「有配偶者離婚率」という離婚率があります。この数値は、2015年の「離婚者数」を、同じ年の「結婚している人（有配偶者数）」で割ったもので、0.5％でした（図表3-4の真ん中の「離婚率」）。分母が2015年に結婚している状態にある人達ですので、かなり離婚の実態に近い数値と考えられます。つまり、1年当たり「200組に1組」が離婚している計算になります。もし、結婚生活が60年（30歳から90歳まで）続くとすれば、略式で確率を計算すれば、60年×0.5％＝30％になりそうです。ところが、この有配偶者離婚率を年齢別に見ると、20歳〜24歳の離婚率は5％を超えますが、年齢が増加するにしたがって確率が低下し、40〜44歳では男女ともに1％以下に、60歳を超えると0.1％程度になります。どうやら、結婚生活の確率は単純には計算できないようです。

📊 「確率」はある出来事の起こりやすさを示す

　さて、これまで確率的な考え方や、ある出来事に対する確率について、いろいろな事例をご紹介しましたので、そろそろ確率について正確にご説明しましょう。

確率とは、ある事象（出来事）の起こりやすさを示す数値のことです。例えば、サイコロで例えるなら、サイコロのある数値（1から6のどれか）が実現する確率は、その数値が起こる回数を全ての数値が起こる回数で割って示すことができます。このとき、サイコロを振ることを「試行」、その試行を行った結果を「事象」と呼びます。サイコロを1回振る試行を行ったところ、実現した値として「6」の事象が出た、というように言います。

　サイコロやトランプでは、それぞれの値が実現する確率を数学的に計算することが可能です（数学的確率と呼びます）。例えば、サイコロ投げの試行の場合には、「1」「2」「3」「4」「5」「6」の6通りが全ての試行結果になりますから、1が出る確率は$1 \div 6$で$\frac{1}{6}$と予想できます。

図表3-5　サイコロを振る試行の、試行前の確率と試行後の確率

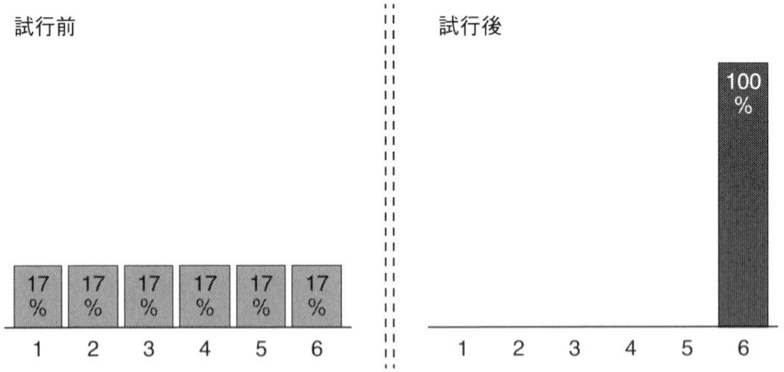

　このとき注意が必要なのは、サイコロの数値は試行前には確率的に予想できます。一方で、試行後には1から6の中から1つの値のみが出る（実現する値なので「実現値」）ということです（図表3-5）。

　なお、確率は0から1の間の正の数値を取り、全ての結果の確率の合計は1です。

試行の方法が復元抽出（サイコロ）であれば 独立な試行

　複数回の試行をする場合には、一度引いたもの（サイコロの目やトランプの

カード）を元に戻して引き直す場合（復元抽出）と、元に戻さない場合（非復元抽出）の2種類があります。先ほどのサイコロの試行では、サイコロの目は一度出ても、その目が出なくなることはありません。何度試行する場合でも、1から6の目のどれかが出ることになります。このような復元抽出の試行では、1度目の試行が2度目以降の試行の結果に影響を及ぼさないので、「独立」していると考えます。一方で、トランプのババ抜きのように、一度引いたカードを元の手札に戻さない場合には、1度目に何のカードを引いたかが、2度目以降の試行に影響を及ぼすことになります。このような試行は「非復元抽出」と言われます（図表3-6）。

図表3-6　サイコロは復元抽出で、トランプは非復元抽出

　ある試行を行う場合に、「独立」であるか否かは、その確率に大きな影響を与えます。例えば、スマホゲームのガチャは「非復元抽出（サイコロ）」でしょうか、それとも「復元抽出（トランプ）」でしょうか。多くの人が勘違いしていますが、ほとんどが「復元抽出」です。このため、ガチャで当たりを引く確率は「独立」になり、何回引いてもその確率は最初の確率から変化しません。「もう何回もガチャを回しているのだから、そろそろ当たりが出るはずだ」という考えは、確率的には間違いです。

　図表3-7に復元抽出（サイコロ型）と非復元抽出（トランプ型）の違いを示しました。スマホゲームのガチャが「独立」な試行の場合には、サイコロの特定の値（例えば6）が出る確率は、1回目でも2回目でも $\frac{1}{6}$ で変わりません。しかし、非復元抽出（トランプ）であれば、1から6までの手札から1回目に1を引けば、2回目を引くときには手元に残った2から6の5枚のカードから6を引くことになり、確率は $\frac{1}{6-1} = \frac{1}{5}$ に増加します。仮に2回目でも6が出ない場合には、3回目に6が出る確率は $\frac{1}{5-1} = \frac{1}{4}$ に上がります。したが

図表3-7　1回目の試行と2回目の試行での確率の違い

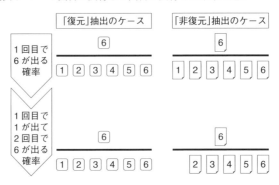

って、非復元抽出の場合には、試行回数が増えるほど6が出る確率が増加していき、6回目までには必ず当たることになります。ガチャで課金する場合には、非復元抽出の試行と誤解して、予想以上のお金を使ってしまわないように注意しましょう。

独立試行の場合の確率の計算方法

それでは、「復元」抽出でサイコロを投げた場合に、2回とも6が出る確率はどのように計算するのでしょうか。まず、1回サイコロを投げる試行で、6が出るというイベント（事象）が起こる確率を考えます。最初の1回目で6が出る確率は1/6ですね。

次に、1回目のサイコロの目が2回目のサイコロの目に影響を与えるかを考えます。サイコロの目は1回目も2回目も1から6までの値がランダムに出ますから、1回目と2回目の試行の間には関係がありません。つまり、1回目のサイコロの目は2回目のサイコロの目に何も影響を及ぼしません。これを、1回目の試行と2回目の試行は「独立」であると言いましたね。独立な試行とは、「1回目に6が出る事象の後で」という条件が、2回目のサイコロの目に影響を与えないという意味になります。

このような場合には、図表3-8にあるように、1回目と2回目に同じ6が

図表3-8 独立な試行において2回6が出る確率の計算方法

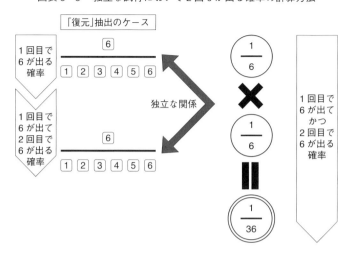

出る確率は、1回目に6が出る確率と2回目に6が出る確率を掛けたものになります。したがって連続で6が出る確率は、2回連続であれば $\frac{1}{36}$（= $\frac{1}{6} \times \frac{1}{6}$ ≒ 2.7%）になります。

それでは、コインを投げる独立な試行で、5回連続で表が出る確率はどうでしょうか。コイン投げの試行結果は表と裏の2通りですから、1回目に表が出る確率が $\frac{1}{2}$、2回連続で表が出る確率は $\frac{1}{4}$（= $\frac{1}{2} \times \frac{1}{2}$）、3回連続で表が出る確率は $\frac{1}{8}$、4回連続では $\frac{1}{16}$、5回連続では $\frac{1}{32}$（≒ 3.1%）となります。

ある出来事とその確率が結び付いているのが確率変数

ここまで、サイコロの目（実現した結果）とその確率について見てきました。確率変数とは、試行による結果とその確率が結び付いている変数のことです。例えば、サイコロの目を変数と考えると、試行結果（サイコロの目の数字）とその確率（$\frac{1}{6}$）は1対1で対応していますから、確率変数の一種になります（図表3-9）。

図表 3-9　サイコロの目とその確率が結び付いた確率変数（一様分布）

事象	1が出る	2が出る	3が出る	4が出る	5が出る	6が出る
確率	$\frac{1}{6}$	$\frac{1}{6}$	$\frac{1}{6}$	$\frac{1}{6}$	$\frac{1}{6}$	$\frac{1}{6}$

　もう少し一般化すると、確率変数 X の取る値が $x_1, x_2, ..., x_n$ であり、$X = x_i$（i は数値が入る）となる確率が p_i（$p_i \geq 0$）のとき、x_i と p_i が対応しています（図表 3-10）。確率変数であれば、試行結果はたまたまその実現値になったが、そうなる確率は数学的に事前予想が可能になります。したがって、確率変数であれば、1回試行する際に、その実現値の平均値を予想することができます。

図表 3-10　試行の結果（事象）とその確率が結び付いた確率変数

事象	x_1	x_2	x_3	・・・・・・・	x_n
確率	p_1	p_2	p_3	・・・・・・・	p_n

確率変数にも代表値と散布度がある

　それでは、確率変数の平均値（期待値）はどのように求められるのでしょうか。ある試行を行うことにより不確実な試行結果が複数予想される場合に、それぞれの試行結果から得られる数値 A（実現値）に、その試行結果が起きる確率 p_a を掛けた $A \times p_a$ を計算し、全ての試行結果について合計すると、期待値が求められます。

　早速、サイコロの目の確率変数の期待値を計算してみましょう。期待値がわかれば、1回サイコロを振ると平均的にどのくらいの目が得られるかが計算できます。

　図表 3-11は、サイコロの目の期待値の計算方法をグラフ化したものです。試行結果には1から6があります。まず実現値1（数値 A）に $\frac{1}{6}$（確率 p_a）を掛けると $\frac{1}{6}$（$A \times p_a$）が得られます。同じ計算を2〜6にも行い合計すると、

図表3-11　確率変数の期待値の計算方法

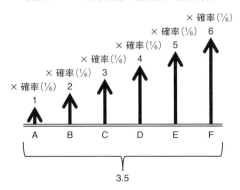

3.5になります。

図表3-12　確率変数の分散・標準偏差の計算方法

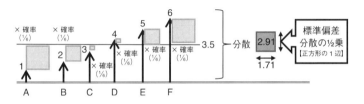

確率変数の分散と標準偏差（サイコロの目のケース）

次に、確率変数の分散や標準偏差を計算します。図表3-12にサイコロの目の確率変数の分散・標準偏差の計算方法を示しました。試行結果の数値（例えば1）と期待値（3.5）との偏差を2乗した後でそれぞれの確率（$\frac{1}{6}$）を掛けてから合計します。この合計値が分散になり、その分散の0.5乗（または平方根）の値が標準偏差になります。

このように、通常の標準偏差との違いは、偏差の2乗（面積）の合計値をデータ数で割る代わりに、偏差の2乗に確率を掛けてから合計する点です。この結果、分散は2.91、標準偏差は1.71となります。

告白するか、告白しないかを期待値で考える

このように確率変数の期待値や標準偏差がわかれば、将来の不確実な出来事に対する合理的な判断が可能になります。例として恋愛を取り上げ、好きな異性に告白するかしないかの意思決定をする場合を考えます（図表3-13）。

「告白しない」場合は、結果とその確率は確定的に決まっており、100％の確率で幸福度は変化しません。もう1つの選択肢は「告白する」で、この場合には結果は確率的です。つまり、「告白する」という試行では、試行結果は成功する場合と失敗する場合があり、成功すれば幸福度が100ほど増加し（デートなどで）、失敗すれば幸福度が50減少します（失恋の痛手）。

問題は、成功確率がどのくらいかですが、過去の記憶を呼び起こすと、これまでに10回告白して5回成功していたので、過去の実績の確率（5回/10回）から、50％の成功率と考えます。逆に失敗する確率は、100％から成功確率50％を引いた50％とします。なお、告白という試行はあなたと相手だけの秘密で、他人は知らないと仮定します（秘密バージョン）。ここでは、成功と失敗の2つの結果のそれぞれの確率と、それぞれで得られる幸福度の数値がわかるので、期待値の算出が可能です。確率変数（幸福度）の期待値は、成功した場合の50（100×確率0.5）と、失敗した場合の−25（−50×確率0.5）をあわせた25となります。

図表3-13 告白するかしないかを期待値で決める（秘密バージョン）

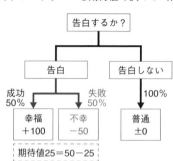

したがって、告白を1回試行した場合の期待値は25（ただし確率的）で、告

白を試行しない場合には0（ただし確定的）となり、得られる幸福度は告白する方が多いことになります。ただし、あなたの幸福度が確率的でも確定的でも同じように感じられると仮定しています（この点は、経済学ではリスク回避度により異なると考えます）。

図表3-14　告白するかしないかを期待値で決める（暴露バージョン）

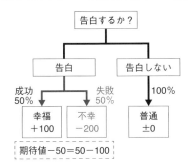

　上記の説明を大学の講義で行ったところ、不評でした。なぜなら、相手が他人に告白失敗を言いふらす場合を考慮していないからです。そこで、今度は告白が失敗した場合に相手が友達に言いふらす「暴露バージョン」を作成しました。これまでの「秘密バージョン」と設定は同じですが、告白が失敗した場合には、相手に言いふらされて恥をかくので、失恋の痛手が4倍になる（−50から−200）としました（図表3-14）。

　それでは、暴露バージョン（失敗した場合の幸福度が−200）の期待値を計算しましょう。期待値は、告白が成功した場合の幸福度50（100×確率0.5）と、告白失敗の幸福度−100（−200×確率0.5）を合計した「−50」となります。この「暴露バージョン」の場合には、告白する場合の期待値は−50となり、告白しない場合の幸福度不変（0）よりも不幸になってしまいます。したがって、暴露バージョンの場合には告白しない方が身のためです。

宝くじ（確率変数）の当選種類（事象）、当選金額（実現値）と当選本数（確率）

　最後に、確率変数・試行結果の事象とその実現値・その確率の関係を宝くじ

図表 3-15　年末ジャンボ宝くじの 1 回試行当たりの期待値

事象（等賞）	実現値（当選金額：円）	確率（分子：分母）	当選本数（分子）	販売本数（分母）	実現値×確率
1 等	700,000,000	0.00000005	23	460,000,000	35
1 等の前後賞	150,000,000	0.00000010	46	460,000,000	15
1 等の組違い賞	100,000	0.00000995	4,577	460,000,000	1
2 等	10,000,000	0.00000015	69	460,000,000	1.5
3 等	1,000,000	0.000005	2,300	460,000,000	5
4 等	100,000	0.0001	46,000	460,000,000	10
5 等	10,000	0.002	920,000	460,000,000	20
6 等	3,000	0.01	4,600,000	460,000,000	30
7 等	300	0.1	46,000,000	460,000,000	30
ラッキー賞	20000	0.0001	46,000	460,000,000	2
外れくじ	0	0.8878	408,380,985	460,000,000	0
					149.5

出所）2019年年末ジャンボ宝くじ（発売総額1380億円、販売本数 4 億6000万枚）。

の例でまとめて確認しましょう。まず、宝くじ「変数」では、宝くじを 1 枚買うという「試行」を行うと、試行結果として 1 等が当たるという「事象」が起こり、その「実現値」は 7 億円で、 1 等の当選「確率」は 1 千万分の 5 です。宝くじでは、試行結果は「 1 等」から「外れ」まで11種類あります。この試行結果と確率の組み合わせが、宝くじの確率変数になります（図表 3-15）。

宝くじ 1 枚で当たる賞金の平均値（期待値）はいくらか

　宝くじも確率変数であるので、宝くじを 1 枚買うとしたら（ 1 回試行）、平均的にいくら当たるのか期待値を計算できます。期待値は確率変数の「実現値×確率」を全ての実現値について合計したものですから、図表 3-15に示したように、期待値は約150円（正確には149.5円）になります。なお、宝くじの 1 枚当たりの販売価格は300円ですから、期待値の 2 倍の金額になります。

　このような計算は、スマホゲーム（ソシャゲ）のガチャ（課金しての抽選）にも当てはまります。もし、当たる確率が宝くじの 1 等賞なみに低かったり、サイコロの目のように独立な試行であったりすれば、本当にお金を投じるほどの価値があるのかを冷静に判断できます。

42

第4章 学業成績の確率分布と偏差値（正規分布）

補足資料

● 第 4 章の内容を解説した YouTube 動画
https://youtu.be/bugnOFG6BxY

● YouTube 動画で使用したパワーポイント
https://drive.google.com/file/d/1qjN_0Mm009vlXjidC5Ojgg31PgMHkv2S/view?usp = sharing

● 第 4 章の演習用エクセルファイル
https://drive.google.com/file/d/1FWDajIRXlErKWK3qB5auvZD6WXkPfJWH/view?usp = sharing

時代劇に出てくるサイコロ博打の確率分布を見てみよう

　テレビでは、よく江戸時代のサイコロ博打のシーンが出てきます。これは、宝くじと同じように確率分布で表されます。サイコロを2つ振るという試行を行うと、目の和は2から12までの実現値を持ちます。このとき、実現値が偶数なら半、奇数なら丁とします。賭けは、試行の前に半か丁かにお金を賭けるというものです。当時の江戸の庶民は、組み合わせが偶数が6通りで奇数が5通りなので、偶数になる確率が高いと考えていたそうです。そうであれば、半に賭け続ければ、最後には勝てるのでしょうか。

図表4-1　2つのサイコロの目の組み合わせ（36通り）

	1	2	3	4	5	6
1	2	3	4	5	6	7
2	3	4	5	6	7	8
3	4	5	6	7	8	9
4	5	6	7	8	9	10
5	6	7	8	9	10	11
6	7	8	9	10	11	12

　図表4-1は、2つのサイコロの目の組み合わせを示しています。全部で6×6＝36パターンですが、偶数（白色）も奇数（網掛け）も18パターンずつで同数です。

　次に、図表4-2では半と丁の確率を計算します。サイコロ博打で半になるパターンは、目の和の実現値が2、4、6、8、10、12のそれぞれの確率の合計で、$\frac{18}{36}$ です。丁になるパターンは、目の和の実現値が3、5、7、9、11のそれぞれの確率の合計で、やはり $\frac{18}{36}$ です。それぞれ確率が同じになるため、丁半博打は公平（fair）な賭け事になると考えられます。これは、2つのサイコロの目の和の実現値は偶数の方が奇数より多いのですが、奇数の7となる確率が $\frac{6}{36}$ と非常に大きいためです。

　図表4-3に2つのサイコロの目の和の確率分布をグラフも含めて示しまし

第4章　学業成績の確率分布と偏差値

図表4-2　2つのサイコロの目の合計値とその確率

サイコロの目	半の場合の確率	丁の場合の確率
2	1/36	
3		2/36
4	3/36	
5		4/36
6	5/36	
7		6/36
8	5/36	
9		4/36
10	3/36	
11		2/36
12	1/36	
	18/36	18/36

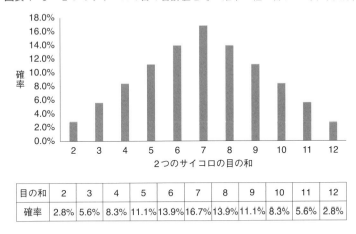

図表4-3　2つのサイコロの目の合計値とその確率の組み合わせ（確率変数）

目の和	2	3	4	5	6	7	8	9	10	11	12
確率	2.8%	5.6%	8.3%	11.1%	13.9%	16.7%	13.9%	11.1%	8.3%	5.6%	2.8%

た。すると、中央が山のように高い単峰性のある分布が現れます。1つのサイコロの目の確率分布は全て$\frac{1}{6}$の平らな分布ですが（一様分布と呼びます）、2つのサイコロの目の合計値の分布は山形になるのは不思議ですね。

45

ビスケットの長さの確率分布は、複雑な要因で左右される

　サイコロの次はビスケットの長さの確率分布を考えてみましょう。ビスケット工場では、製品の長さは定格の袋にぴったり入るように厳格に管理されるそうです。しかし、ビスケットを焼く前にいくら生地の長さを正確にそろえても、焼くときの気温・湿度などの外部環境や小麦の産地や水の違いなどが、焼き上がりの長さを長くしたり短くしたりしてしまうそうです。

　このように、現実の世界では様々な要因が長さ（変数の数値）に影響を及ぼします。例えば、学業成績は学習時間だけでなく、学生自身の得意・不得意や体調、問題の種類や解答方法などの複雑な要因が、点数をプラスやマイナスの方向へと影響を及ぼすと考えられます。

　ここでは、いくつかの要因が反対の方向（プラスとマイナス）にそれぞれ同じ確率（$\frac{1}{2}$）で影響を及ぼす場合に、ビスケットの長さの確率分布がどのような形を示すかを実験してみましょう。実はこのような実験は、科学館などにある「ゴルトン・ボード」（図表4-4）で簡単に実験できます。

図表4-4　ゴルトンボードを落ちる玉の確率分布（要因ごとにランダムに左右にずれる）

QRコードから動画を視聴

　このゴルトン・ボードの上から小さい玉を落とすと、盤面に打ち付けられている釘に玉が当たって左右のどちらかに落ち、次の釘に当たってまた左右のどちらかに落ち、最後に盤面の下の箱に入っていくという仕組みです。では、多数の玉を下まで落とすと、玉はどの箱に多く入っていくのでしょうか。

　実際に落とした結果がQRコードでご覧いただけます。不思議なことに、真

第4章　学業成績の確率分布と偏差値

図表4-5　複雑な要因が、大小反対の方向に同じ確率で影響を及ぼす場合の概念図

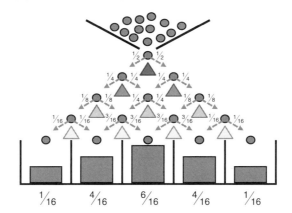

なぜ真ん中の箱に多くの玉が入るのかの仕組みを示したのが、図表4-5です。ビスケットの大きさに影響を及ぼす様々な要因を三角形で示し、それぞれが同じようにランダムに影響を及ぼすと考えます。ボード上には上から三角形が4種類あり、それぞれが特定の要因による影響を表します。例えば、1段目の三角形は「気温」による影響、2段目の三角形は「湿度」による影響、3段目の三角形は「小麦の種類」、4段目の三角形は「オーブンの加熱ムラ」による影響と考えます。これらの要因が与える影響の方向を単純に五分五分と考えて、ビスケットの長さを大きめにする確率を$\frac{1}{2}$、小さめにする確率を$\frac{1}{2}$と仮定します。

図表4-5の矢印についた確率を見ると、上から落ちてくる玉は同じ確率で左右に分かれます。一番外側の流れは、$\frac{1}{2}$を段の回数だけ掛けた確率になっていきます。一方で、中央の部分では2方向から玉が落ちてくるため、段を重ねると確率が合計されていきます。すると、落下していく玉の確率分布は、サイコロの目の合計値の分布（図表4-3）と同じ山形の確率分布になります。この分布は二項分布と呼ばれます。さらに、より多くの要因が加わることにより分かれる段が多くなると、より滑らかな山形になります。

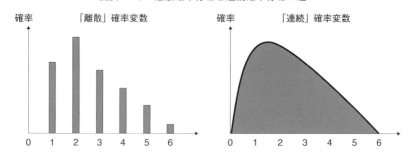

図表4-6　離散確率分布と連続確率分布の違い

確率を計算しやすい「離散」変数、計算しにくい「連続」変数

　ある現象の確率分布を知ることは、サイコロ博打の勝率やビスケットの製造に役立ちます。これは確率分布によって、ある実現値（例えば、ビスケットの長さが規定より1mm短い）とその確率（規定より1mm短いビスケットが製造される確率）の関係がわかるからです。しかし、サイコロの目とビスケットの長さの確率の計算は大きく異なります。

　サイコロの目やその合計値の確率変数は「離散」確率変数と呼ばれ、ビスケットの長さの確率変数は「連続」確率変数と呼ばれます（図表4-6）。サイコロを振る場合、1.5とか3.2という実現値はありませんから、数値が「とびとびな」（間の数値がない）、「離散」確率分布です。他の例としては、交通事故の回数、コインの表裏などが該当します。離散確率分布は、試行結果の組み合わせから確率が容易に計算できます。

　一方で、試行結果の数値が小さい単位で連続しているのが「連続」確率分布です。こちらは、身長、テストの点数、金銭価値などで、小数点や端数が生じます。現実の社会で利用する機会が多いのは連続確率分布ですが、離散変数のように確率を簡便に計算することができません。ただし、Microsoft Excel（エクセル）などの表計算ソフトには、特定の確率分布の確率を計算した統計表が入っています。

　ここからは、連続確率分布を前提として話を進めます。

「離散」変数の二項分布が複雑化すると、「連続」変数の正規分布に

　現実の世界では試行結果に影響を及ぼす要因が複雑になるので、図表4-5の釘の段数が4段よりも多くなり、玉の分かれる方向は左右（大きいか小さいか）より多く枝分かれ（大きい、少し大きい、同じ、少し小さい、小さい）するようになると、より滑らかな分布形状になっていきます。

　人間の身長で考えると、ビスケットより多くの要因が影響を及ぼしていることが想像できます。例えば、両親からの遺伝の影響や生まれ育った土地の気候や食生活、学生時代の運動やライフスタイルなど様々な要因が身長に影響を及ぼすでしょう。そうなると、要因が複雑すぎて確率を計算できなくなりそうです。でも大丈夫です。要因から予想するのではなく、実際に実現した身長がどのような確率変数になるかを計測すれば、影響の結果はわかります。実は、人間の身長は「正規」分布という確率分布になることが経験的にわかっています。図表4-7を見ると、横軸が身長で、縦軸が頻度（人の多さ）です。ちょうど真ん中あたりが高くなっており、左右の端の方にいる人が少ないことがわかります。この数値（身長とその確率）は、正規分布という確率分布への当てはまりがよいことが知られています。

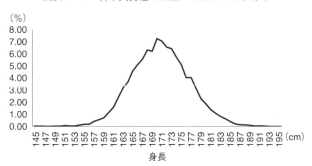

図表4-7　日本人男性（17歳）の身長の確率分布

出所）「学校保健統計調査」（文部科学省）2014年。

自然界でよく見られる「普通」の確率分布に数式を当てはめて「正規分布」と呼んだ

　自然現象（例えば、身長）の確率分布がわかれば、様々な予想に利用できます。例えば、男性の身長の確率分布がわかれば、服のサイズの設定や、サイズごとの生産枚数をうまく決めることができます。そこで、多くの自然現象（人間の身長や腕の長さ、植物の種の大きさ、学業成績）の分布から（数式で表現可能な）似た曲線を考案しました。そのなかで、自然現象に多くみられる確率分布にフィットしたものが、「正規分布」です。「正規」というと物々しいですが、英語の Normal ですから、「普通の」とか「よくある」と考えてもよいでしょう。

正規分布は、平均値と標準偏差の2つで全体の形状が決定する（便利な特性1）

　正規分布は、単に自然界によく見られるだけでなく、便利な特性を3つ持っています。第1の便利な特性は、「平均値」と「標準偏差（あるいは分散）」がわかれば、全体の分布形状が決まる点です。当たり前のように感じられるかもしれませんが、多くの確率分布では標本サイズにより形状が変化します。具体的に正規分布の形状がどのように決まるのか、数式（数式が嫌いな人向けに一部を言葉で表現しています）を見てみましょう。

縦軸の値（確率）＝ 1÷[「定数Aの2倍」×「分散」]の0.5乗

×定数Bの{−[（横軸の値−平均値）の2乗]/（分散の2倍）}乗

(1)

　(1)式の「定数 A」は円周率 π（≒ 3.14）で、「定数 B」はネイピア数 e（≒ 2.71）です。ネイピア数は「自然対数の底」という名前で高校の数学Ⅲに出てきます。いずれにせよ、定数である A と B は一定の値を取りますから、ここでは具体的な数値は無視して結構です。したがって、(1)式にその正規分布の平均値と分散（＝標準偏差の2乗）を入れておけば、「横軸の値」から「縦軸

を加えた面積（確率）」を計算できます（「便利な特性1」）。

正規分布は、平均値から標準偏差何個分離れているかで確率が決まる（便利な特性2）

第2の便利な特性は、正規分布する確率変数の実現値（「横軸の値」）を、平均値からの距離が標準偏差の何個分かに換算することによって、平均値から実現値までの分布の面積が全体の面積に占める割合（確率）を、(1)式で計算しなくても求められる点です。

図表4-8　正規分布で平均値から標準偏差1個分なら、全体の34.1%の確率になる

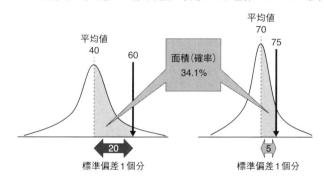

例えば、図表4-8には2種類の正規分布があり、平均値も標準偏差も異なります。しかし、両方が正規分布していれば、平均値や標準偏差の「数値」がいくらでも、平均値から標準偏差1個分の面積の確率（網掛けの部分）は、常に34.1%になります（「便利な特性2」）。

この特性は、平均点が異なるテストの成績を比較する際に利用できます。図表4-8の正規分布は右が社会科の試験得点、左が数学の試験得点の分布です。社会科では平均値70点で標準偏差1個分が5点の正規分布であった場合に、70点から75点（70点＋5点）の間には、全体の34.1%の学生がいることになります。また、数学のテストでは平均値が40点で標準偏差1個分が20点の正規分布であった場合には、40点から60点（40点＋20点）の間には、同様に全体の

34.1%の学生がいることになります。

また、成績上位の何%に入っているのかもわかります。正規分布は左右対称で右半分の面積の合計は50%ですから、そこから34.1%を引けば残りは15.9%です。したがって、社会科が75点（数学が60点）の人は、上位15.9%に入っていることになります。

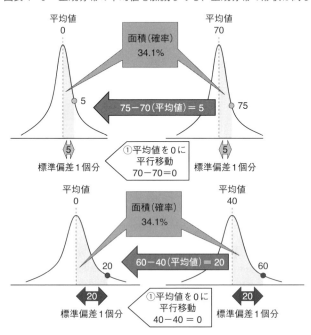

図表4-9　正規分布の平均値を加減しても、正規分布の形状は同じ

正規分布は、平均値と標準偏差を変化させても正規分布のまま（便利な特性3）

第3の便利な特性は、正規分布の平均値や標準偏差を変化させても、正規分布の形状が維持する点です。

図表4-9の上の図を見ると、社会科のテストの平均値70点を0点まで移動させるために、全ての学生の得点から70を引けば、分布全体が平行移動しま

す。得点が75点の場合に70点を引くと5点になります。このとき、5点は平均点から標準偏差1個分の位置ですから、依然として全体の34.1%（上位15.9%）の位置にいます。同様に数学の場合（図表4-9の下の図）でも、60点の得点から平均点40点を差し引くと20点になりますが、その相対的な位置は上位15.9%と変化しません。

つまり、社会科でも数学でも、得点が正規分布しているのであれば、得点から定数を差し引いて正規分布の平均値を平行移動させても、正規分布の形状や、ある学生の相対的な位置は変化しません。

図表4-10　正規分布の標準偏差を掛けても、正規分布の形状は同じ

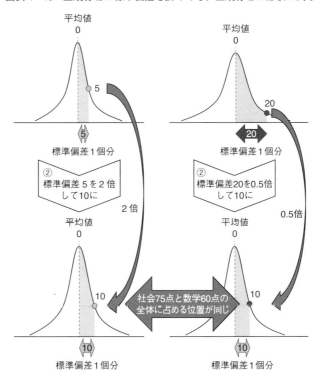

さらに、正規分布の標準偏差を拡大・縮小しても、正規分布のままで変わりません。図表4-10の左の図では、社会科の標準偏差（5点）を2倍して10点

にしています。平均値を 0 点に移動しているので、全ての得点を 2 倍すれば、標準偏差も 2 倍の10点になります。正規分布の形状は平べったくなりますが、ある学生の得点が 5 点の場合、同じように 2 倍すると10点で、 2 倍した標準偏差（ 5 → 10）の 1 個分ですから、全体に占める割合は34.1％（上位15.9％）で変化しません。数学の標準偏差は20でしたが、それを10に変形するために0.5倍（あるいは 2 で割る）します。ある学生が20点の場合、標準偏差（20 → 10）と同様に0.5倍すると得点は10点になり、平均値から標準偏差 1 個分となって、相対的な位置関係はやはり変化しません（図表 4 - 10の右の図）。

　図表 4 - 8 では、社会科と数学の得点は75点と60点で水準が違いましたが、平均値を 0 に移動し（図表 4 - 9 ）、標準偏差を10に変形しても（図表 4 - 10）、正規分布を維持できたうえに、両方とも上位15.9％と相対的に同じ位置にいることがわかりました。このように、正規分布の平均値や標準偏差を操作してもまた正規分布になり、学生の相対的な位置が保持されるのが正規分布の「便利な特性 3 」です。

▮▮ 偏差値は、成績の確率分布を平均値50に移動させ、標準偏差10に拡大縮小したもの

　この正規分布の便利な特性を利用したのが、皆さんも受験で利用した「偏差値」です。図表 4 - 11は、社会科の得点75点を偏差値60に換算する手順を示しています。

　第 1 の手順は、図表 4 - 9 で行ったように、平均点を70から 0 に変更します（図表 4 - 11の①）。第 2 の手順は、図表 4 - 10で行ったように、標準偏差を 5 から10に 2 倍にします（図表 4 - 11の②）。これに加えて第 3 の手順として、全体の数値を100点満点の試験得点に似せるため、平均値を再び50まで平行移動します（図表 4 - 11の③）。すると、社会科の試験得点の正規分布を、平均点50点で標準偏差10点の正規分布に変形したときの得点は60点となります。つまり、社会科の75点は偏差値60になります。これが「偏差値」の算出の仕組みです。

　ちなみに図表 4 - 8 の数学の60点は、図表 4 - 10では10点ですので、第 3 の手順「図表 4 - 11の③」で50を加えると偏差値は60となり、社会科の偏差値60

図表4−11 正規分布の平均値を50、標準偏差を10に変形すると偏差値

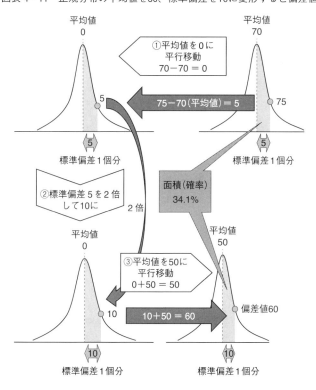

と同じになります。

　つまり「偏差値」の仕組みを使えば、平均点は高くてバラツキ（標準偏差）が小さい「社会科」の試験得点と、平均点が低くてバラツキ（標準偏差）が大きい「数学」の試験得点を同じ正規分布に変形して、相対的な位置を比較することができます。

偏差値を使えば、社会科の60点と数学の60点の成績の違いがわかる

　では、同じ社会科と数学の試験を受けた学生が、両方とも60点を取ったときに、2つの科目の成績は同じと考えてよいでしょうか。皆さんは当然おかしい

と考えるでしょう。そうです、平均値が違う科目であれば得点が同じでも、成績も異なるはずです。社会科の平均値が70点、数学の平均値が40点なのですから、同じ60点でも社会科は平均値より低く、数学は平均値より高いので、数学の方が良い成績とわかります。また、標準偏差を見ると社会科は5点で数学は20点ですから、数学の方が点数のバラツキが大きいことがわかります。しかし、どのくらい成績が違うのかはわかりにくいですね。

経験的に、学業成績は正規分布することが多いことがわかっています。偏差値を使って、社会科の成績の正規分布と数学の成績の正規分布を、ある共通する1つの正規分布（偏差値の場合には平均値50、標準偏差10）に変形すれば、2つの科目の成績を数値で比較できます。

図表4-12　社会科の60点は偏差値（平均値50、標準偏差10の正規分布）では30

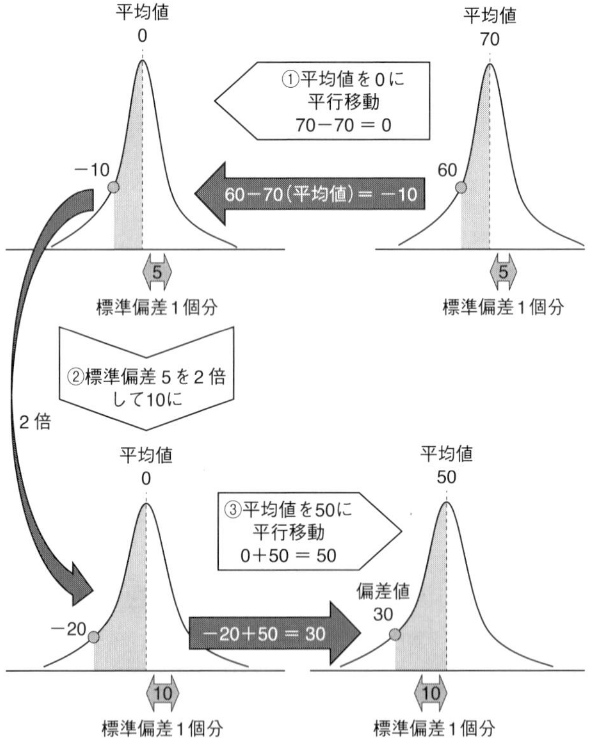

図表4-12を見ながら、図表4-11で見た3つの手順を使って、社会科の60点を偏差値に変換してみましょう。

第1の手順は、平均点を70から0に変更します。社会科のある学生の得点60点は、60点−70点＝−10点に移動します。第2の手順は、図表4-10で行ったように、標準偏差を5から10に2倍します。ある学生の得点−10点を2倍すると−20点になります。第3の手順として、平均値を0点から平均値50に戻すために、50を足します。自分の得点は−20に50を足すと30となります。つまり、社会科の点数60点は、偏差値30となります。平均値より標準偏差2個分離れていますから、47.7%の面積になります。正規分布の左半分の面積は50%ですから、残りの面積はわずか2.3%です。つまり下位2.3%の位置にいます。

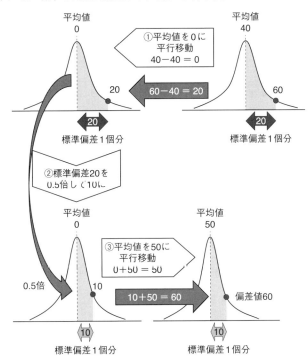

図表4-13　数学の60点は偏差値（平均値50、標準偏差10の正規分布）では60

今度は図表4-13を見て、数学の60点を偏差値（平均値50、標準偏差10の正

規分布）に変換してみましょう。

　第1に、数学の平均値である40点を一度平均値0点まで右に40点分移動させ
ます。ある学生の得点60点は、60点－40点＝20点に移動します。第2の手順
は、標準偏差を20から10に0.5倍します。ある学生の得点20を0.5倍すると10点
になります。第3の手順として、平均値を0点から平均値50に戻すために、50
を足します。ある得点10点に50を足すと60となります。つまり、数学の点数60
点は、偏差値60となり上位15.9％に位置します。

　このように、社会科と数学の60点を、共通の正規分布（平均値50、標準偏差
10）に変形することにより、相対的な位置（社会科は偏差値30、数学は偏差値
60）が比較できました（図表4-14）。すでに皆さんは偏差値の数値と上位何
％にいるかをご存じですね。偏差値30ですと下位2.3％に位置し、偏差値60で
は上位15.9％に入っていることになります。これで、平均値や標準偏差が違う
科目や時期の違う模擬試験の間で、成績を比較することができます。偏差値が
受験産業で広く利用されているのはこのためです。

自分の点数を偏差値に数値変換するための簡単な数式がある

　このように、社会科と数学の異なる正規分布を、同じ偏差値の正規分布に変
形する仕組みを3つの手順でご説明しました。でも、もっと簡単に自分の得点
を偏差値に換算する計算式があります。それは以下の通りです。

$$偏差値 = \frac{\boxed{自分の得点} - \boxed{平均値}}{\updownarrow 標準偏差 \div 10} + 50 \tag{2}$$

$$= (\boxed{自分の得点} - \boxed{平均値}) \times (10 \div \updownarrow 標準偏差) + 50 \tag{3}$$

　(2)式では、自分の得点からその教科の平均点を引いた差（距離）を、その
教科の標準偏差を$\frac{1}{10}$した値で割り、最後に50を足せば計算できます。

　例えば、(3)式に社会科の得点、平均値、標準偏差を代入すると、偏差値は
30になります。数学の場合には、偏差値60となります（小数点以下は省略しま
した）。図表4-12で行った手順を数式にしたことがご理解いただけると思い

第4章　学業成績の確率分布と偏差値

図表 4-14　同じ60点でも数学では偏差値60、社会科では偏差値30

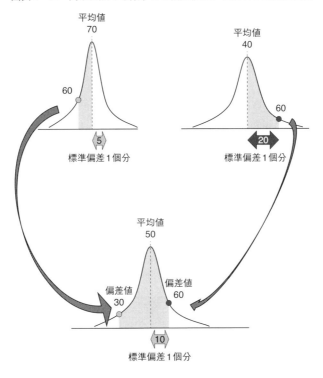

ます。ただし、教科書などでは、(3)式がよく利用されます。(2)式と(3)式のどちらを用いても、計算結果は同じです。

偏差値(社会科) = (自分の得点60 − 平均値70) × (10 ÷ ↕標準偏差 5) + 50 = 30
偏差値(数　学) = (自分の得点60 − 平均値40) × (10 ÷ ↕標準偏差20) + 50 = 60

　偏差値は平均50および標準偏差10としたことで、100点満点のテストの点数と水準が似ており、受験産業で重宝されています。また、成績だけでなく正規分布する変数であれば、身長や測定誤差についても使えます。しかし、1つ不都合な点があります。

試験得点でなければ、偏差値より
Zスコア（平均値0、標準偏差1）が便利

　偏差値はなかなか便利なツールで、統計学では T スコア（T score）と呼ばれています。しかし、テストの点数のように100点満点ではない変数では、数値に違和感が出てしまいます。そこで、正規分布する変数を「平均値0、標準偏差1」の共通の正規分布（標準正規分布）に変換することが考案されました。偏差値を T スコアと呼ぶのに対して、この指標は Z スコアと呼ばれています。

図表 4 - 15　数学の60点は Z スコア（平均値0、標準偏差1の正規分布）では1

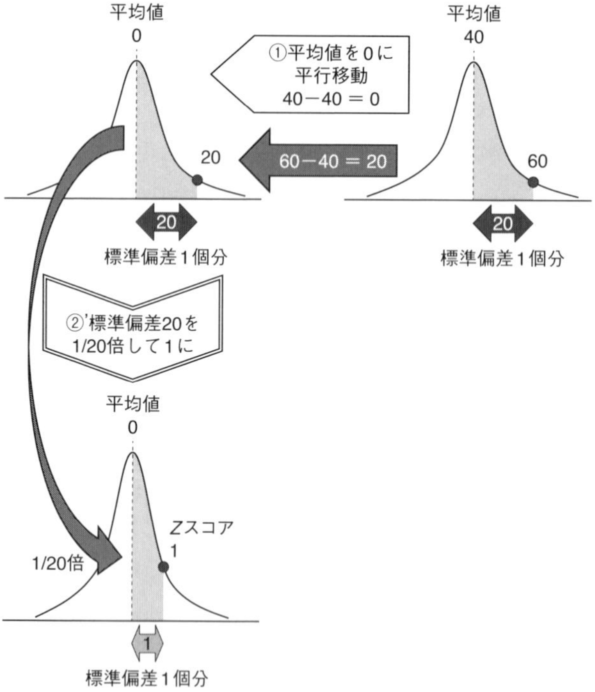

　図表 4 - 15は、試験得点を Z スコアに変換する仕組みを示しています。図表 4 - 13の偏差値（T スコア）では 3 段階の手順が、Z スコアでは 2 段階で済み

第4章　学業成績の確率分布と偏差値

ます。

　第1の手順は、偏差値と同じように平均値が0になるように得点から平均点を引いて平行移動させます（図表4-15の①）。数学の得点は60点ですから、平均点40点分移動すると、20点になります。第2の手順は標準偏差を1にそろえます（図表4-15の②'）。具体的には、平均値が0になるように移動した後の得点を数学の標準偏差20で割れば、標準偏差を1に変換できます。ここで得点20を標準偏差20で割ると、＋1になります。そして偏差値の第3の手順は必要ありません。したがって、数学の得点60点のZスコアは＋1になります。

　偏差値と比較するとZスコアは平均値が0なので、Zスコアがマイナスになれば平均より悪く、プラスになれば平均より良いことがわかります。また、Zスコアの標準偏差の数値が1なので、わざわざ標準偏差何個分かを換算する必要がなく、とても便利です。

社会科の60点をZスコアに換算すると－2（標準偏差2個分）

　それでは、社会科の60点を今度はZスコアに換算してみましょう。

　第1の手順は、平均値が0になるように得点から平均点を引いて平行移動させます（図表4-16の①）。社会科の得点は60点ですから、平均点70点分移動すると、－10点になります。第2の手順は標準偏差を1にそろえます（図表4-16の②'）。具体的には、平均値が0になるように移動した後の得点－10を社会科の標準偏差5で割れば、標準偏差を1に変換できます。ここで－10を社会科の標準偏差5で割ると、－2になります。そして偏差値の第3の手順は必要ありません。したがって、社会科の得点60点のZスコアは－2になります。やはり偏差値より簡単に計算できました。

　図表4-17は、偏差値（Tスコア）の正規分布と、Zスコアの正規分布を比較したものです。偏差値の平均値50のところがZスコアでは0に、偏差値の標準偏差1個分が10であるのに対してZスコアでは1になっているのがわかります。つまり、Zスコアは Tスコアをより単純化した「標準」正規分布（平均値0、標準偏差1）に変形したものです。

61

図表4-16　社会科の60点をZスコアに変換する仕組み

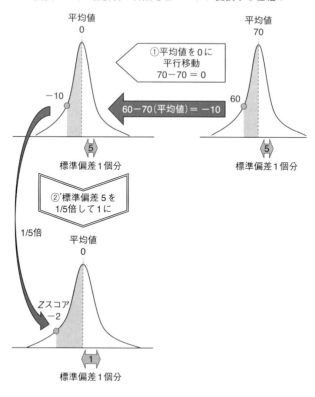

このZスコアを使うと、自分の得点の相対的な位置だけでなく、何点を取ればトップ何％になれるかも、簡単に知ることができます。

自分の点数をZスコアに数値変換するための簡単な数式がある

このように、Zスコアの換算の手順は偏差値より少し簡単です。偏差値を計算する(3)式から「＋50（平均値50 → 0 より）」と「×10（標準偏差10 → 1 より）」を取ると、(4)式のようになります。

Tスコア＝(自分の得点－平均値)×(10÷↕標準偏差)+50　　(3)

Zスコア＝(自分の得点－平均値)×(1÷↕標準偏差)+0
　　　　＝(自分の得点－平均値)÷↕標準偏差　　　　　　(4)

　(4)式を用いて社会科の得点のZスコアを計算してみると、自分の得点60点から平均点70点を引いた－10点を、社会科の標準偏差5で割ると－2となり、これがZスコアになります。数学の場合は、(60－40)÷20＝＋1がZスコアになります。図表4－15および図表4－16と同じ結果になりました。

図表4-17　偏差値（Tスコア）の正規分布とZスコアの正規分布の違い

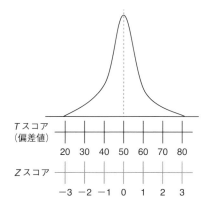

普通ではないほど稀な良い成績（悪い成績）は何点からか？

　社会科や数学などで普通の得点の人もいれば、非常に少ない割合ですが飛びぬけて良い成績を取る人もいますね。例えば、数学の成績が上位であれば表彰される制度があるとしましょう。この制度では成績の上位15%以上であれば賞状がもらえ、上位2.5%であればメダルももらえます。数学の試験得点の正規分布（平均値60、標準偏差10）が毎年同じであれば、来年の試験得点で何点を取れば表彰してもらえるでしょうか。

　Zスコアを使えば、上位15%や上位2.5%の得点を簡単に計算することがで

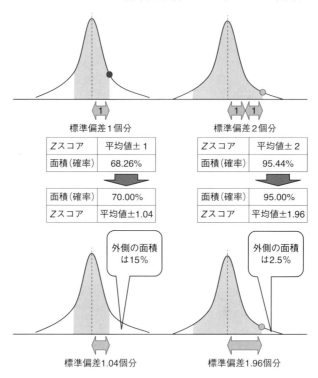

図表4-18 Ｚスコアが±2の範囲なら全体の95.4％、±1.96の範囲なら95％

きます。図表4-18は、Ｚスコアの数値と全体の面積の割合の関係を示しています。正規分布の全体の面積は確率ですから1（＝100％）になります。正規分布の平均値から1標準偏差分の面積は34.1％ですから、左右対称の正規分布では平均値を中心に左右に標準偏差1個分の面積を取ると、全体の68.2％になります。しかし、この数値はキリが悪いので70％にすれば（図表4-18左側の下の段）、上位15％と下位15％の境界値を知ることができます。このときのＺスコアは、「標準正規分布表」にすでに計算されており、1.04です。

Ｚスコアから数学の試験得点に換算するには、(4)式に数学の試験得点の平均点40と標準偏差20を代入して逆に計算することで、60.8点になります。

Ｚスコア1.04＝(自分の得点−平均値40)÷↕標準偏差20

$\Leftrightarrow Z$ スコア$1.04\times\updownarrow$標準偏差20

$\quad = (\boxed{\text{自分の得点}}-\boxed{\text{平均値40}})\div\updownarrow$標準偏差$20\times\updownarrow$標準偏差20

$\Leftrightarrow 20.8 = (\boxed{\text{自分の得点}}-\boxed{\text{平均値40}})$

$\Leftrightarrow 20.8 + \boxed{\text{平均値40}} = \boxed{\text{自分の得点60.8}}$

　では、上位2.5％の場合はどうすればよいでしょうか。図表4-18から、平均値を中心に左右に標準偏差2個分の面積は全体の95.4％となります。つまり、Zスコアが−2から＋2の範囲が95.4％です。キリがよい95％を示すZスコアは「標準正規分布表」を見ると1.96です。Zスコアが＋1.96よりも外側の面積は上位2.5％を示し、−1.96よりも外側の面積は下位2.5％を示します（図表4-18右側の下の段）。

　Zスコアから数学の試験得点に換算するには、(4)式に代入することで79.2点になります。

Z スコア$1.96 = (\boxed{\text{自分の得点}}-\boxed{\text{平均値40}})\div\updownarrow$標準偏差20

$\Leftrightarrow Z$ スコア$1.96\times\updownarrow$標準偏差20

$\quad = (\boxed{\text{自分の得点}}-\boxed{\text{平均値40}})\div\updownarrow$標準偏差$20\times\updownarrow$標準偏差20

$\Leftrightarrow 39.2 = (\boxed{\text{自分の得点}}-\boxed{\text{平均値40}})$

$\Leftrightarrow 39.2 + \boxed{\text{平均値40}} = \boxed{\text{自分の得点79.2}}$

　後でご説明しますが、統計学では95％の面積の方が重要なので、Zスコアにより標準偏差何個分かがそのまま数値でわかることは、とても便利なことなのです。つまり、Zスコアが1.96より大きければ、確率は正規分布の両側で5％以下になると正確に判断できます。

　このように、Zスコアと標準正規分布表を利用することで、偏差値ではわからなかった正確な面積（確率）が容易に算出できます。皆さんの場合には統計ソフト（例えば Microsoft Excel など）にすでに標準正規分布表がプログラムされていますので、パソコンで指示することで、確率の数値を瞬時に知ることができます。ただし、Zスコアの仕組みを知っていただくことは、統計を理解するうえで有益であると思います。

第5章 街頭アンケートはあてになるのか（母集団と標本）

補足資料

● 第5章の内容を解説したYouTube動画
https://youtu.be/chg7lRURAfY

● YouTube動画で使用したパワーポイント
https://drive.google.com/file/d/1fgbm8HwLPMjnqCRpM2-jxtgxGMNm5b5P/view?usp = sharing

● 第5章の演習用エクセルファイル
https://drive.google.com/file/d/1im-r2xzyGV9iblz6y7TFDAMoACbDstse/view?usp = sharing

全部を知るには膨大な費用と時間がかかる

　皆さんは、日本の人口数が約１億2,000万人であることをご存じと思います。しかし、誰がどのようにして日本の人口を調べているのでしょうか。誰かが、全国を巡って調べあげているのでしょうか。

　この日本の人口を調べているのは、日本政府（総務省）で、1920年（大正９年）から５年ごとに「国勢調査」を実施して全国民の生年月日・性別・職業・住居などの20項目を調べています。2010年の国勢調査では、全国で約70万人の調査員が国民一人ひとりを原則として個別訪問して調査し、１回当たり約650億円の費用がかかっています。

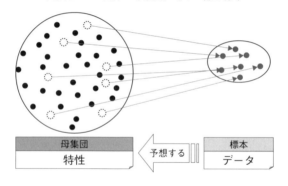

図表５−１　全体が母集団、その一部が標本

　１つの調査にこれだけ費用がかかるとすれば、政府統計の総合窓口（e-Stat）ホームページには260以上の調査が掲載されていますので、費用が大変になりそうですね。でも、心配しないでください。政府の調査の中でも全数調査を実施するのは、「国勢調査」や「経済構造統計」などの一部に限られています。それ以外の調査やそのデータは、全体（これを「母集団」と呼びます）から取り出された一部（これを「標本」と呼びます）を用いています。図表５−１には、全体の母集団から取り出した一部である標本から、母集団の特性（例えば平均値）を予想する関係が示してあります。

第5章　街頭アンケートはあてになるのか

▮▮ 全体の一部で本当に全体のことがわかるのか

　ここで皆さんは、一部を調査して全体のことがわかるのか不思議に思われる
でしょう。例えば、テレビでよく報道される内閣支持率や選挙速報は「標本」
調査です。ですから、皆さんの家に、内閣を支持するかどうかや、誰に投票し
たのかを調査する調査員が来なくても、不思議ではないのです。しかし、選挙
速報などでは開票された途端に当選確実の予想が発表され、多くの場合、その
後に当選が確認されています。

　何か魔法のように感じますが、どこかおかしいところはないでしょうか。母
集団の一部に調査をした場合には、全体とはズレた結果になる可能性がありま
す。例えば、選挙であれば、年齢の高い人に調査すれば年金を増額する候補者
への投票が多くなり、女性に調査すれば育児休業制度を強化する候補者への投
票が多くなるかもしれません。また、たまたま見かけた選挙ポスターで良い印
象を持った候補者に投票する人を多く選んでしまうかもしれません。

　このように、母集団を調査する代わりに標本ですませてしまうと、調査を邪
魔する2種類のズレ（これを「誤差」と呼びます）があることがわかっていま
す。統計学はこの誤差を知ることにより、標本から母集団をより正確に予測す
ることを可能にしてきました。

▮▮ 母集団から標本を取り出す際に生じる2つの誤差

　さて、ここで母集団と標本について、専門用語の確認をしてから、2つの誤
差についてご説明しましょう。図表5-2に示されているように、「母集団」と
は全ての事象の集合体を指します。国勢調査であれば日本国民全員が、選挙速
報であれば投票者全員が母集団となります。この母集団の特性を表す変数の平
均値を、母平均と呼びます。例えば、全国民の平均年齢であれば、年齢という
変数の母平均となります。

　この母集団から取り出された一部分の集合（母集団の一部）を標本と呼びま

69

す。この標本のデータの平均値を「標本平均値」と呼びます。多くの場合に皆さんの手元にあるのは、標本のデータやそこから算出した標本平均値です。しかし、本当に知りたいのは、母平均値などの、母集団の特性なのです。ところが、標本を母集団から取り出す際に、2つの誤差が生じて邪魔をします。この難問に対して統計学は統計的推測（「推定」）という手法を開発して、解決を試みています。

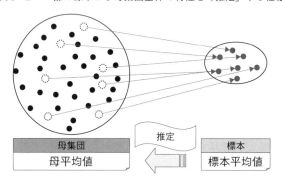

図表5-2　一部の標本から母集団全体の特性を「推定」する仕組み

　では、2種類の誤差とはどのようなものでしょうか。卒業論文などのために自分でアンケート調査などを行う場合には、この2種類の誤差を知っていないと大失敗する可能性があります。手元にある測定値には、以下のような関係が見られます。

　　　手元にある測定値＝真の数値＋「ランダム誤差」＋「系統誤差」　　　(1)

　(1)式は、測定値には、真の値に加えて「ランダム誤差」と「系統誤差」の2種類の誤差が含まれている可能性があることを示しています。この2つの誤差の違いを概念的に示したのが図表5-3です。

　図表5-3の左側の的には、銃弾が真ん中を中心にバラバラに着弾（黒丸）しています。真ん中（真の数値）に当たらないのは腕が悪いせいかもしれませんが、使用している銃に何らかの不具合（例えば、銃身がわずかに曲がっているなど）はなさそうです。これは、ランダムな誤差の特性を示しています。一

方で、右側の的も真ん中に当たっていませんが、的の右上のあたりに着弾点（黒丸）が固まっています。銃を撃つ人は真ん中を狙っているはずですから、銃身が曲がっていたり、照準がおかしかったりする可能性が高いでしょう。これが、系統誤差（バイアス）の特性です。

図表5-3　ランダム誤差（左側の的）は偶然生じる、系統誤差（右側の的）は原因あり

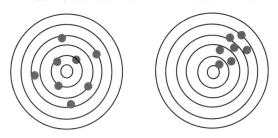

注）的に向かって矢を射った場合に、的中した場所を黒丸で示した。

　統計学では、第1のランダムな誤差（random error）は、標本を抽出する際に母集団のミニチュア（縮小版）となるようにすれば、うまく制御することができます。しかし、第2の系統誤差（systematic error）はうまく扱うことができません。したがって、母集団から標本を抽出する際には、系統誤差が生じないようにする必要があります。この点について、2つの有名な事例を用いて説明します。

ダイジェスト誌による大統領選当選予想は系統誤差で大失敗

　ダイジェスト誌は米国で発刊されている週刊誌です。1936年当時に大統領選でランドン氏とルーズベルト氏が対決することになりました。このとき、ダイジェスト誌は238万人もの人を対象に調査した結果、ランドン氏が有利であると報じました。一方でライバルのギャラップ誌は3000人だけの調査でルーズベルト氏が有利としました。
　結果は、ルーズベルト氏が第32代大統領に選ばれました。調査人数が圧倒的

図表5-4 ダイジェスト誌の調査は標本が高所得者層に偏っていた（系統誤差）

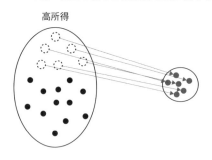

に多かったダイジェスト誌は、予想が外れたのです。これは、ダイジェスト誌が自動車の保有者名簿をもとに調査を実施したことで、調査対象が高所得者に偏ってしまい（図表5-4）、系統誤差が生じてしまったためです。一方でギャラップ誌は、所得層や人種が全米と同じ比率になるように調査対象を選別していたため、正確な予測が可能になったと考えられています。

図表5-5 ハイト・リポートは標本が活動的な集団に偏っていた（系統誤差）

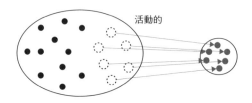

ハイト・リポート（The Hite Report）は米国政府の公式調査とまったく違った

　ハイト・リポートとは、1976年当時にタブーとされていた性の実態を調査した報告書です。この調査の標本は、女性の権利拡大の活動家、女性誌の執筆者、その他の女性運動組織などに調査票を送りました。これは、普通の家庭の主婦に送って回答してもらうよりも回答が期待できたからです。10万部送付したアンケート調査票の回収率は3％程度と低かったようですが、回答数が約3000と多かったので、母集団を代表していると判断し、分析結果をハイト・リ

ポートとして発表しました。

　その後、調査結果に驚いた米国政府は真偽を確かめるため大規模な公式調査を実施しました。その結果、ハイト・リポートの内容は実態と乖離していることが確認されました。これは、ハイト・リポートではより性的に活動的な女性に偏った調査を行ったことで（図表5-5）、当時の米国女性を代表していない系統誤差が強いデータになってしまったためだと考えられています。

▮▮▮ 実際の調査で系統誤差を避けるために使われる 「ランダム抽出」

　ダイジェスト誌やハイト・リポートが系統誤差の強い標本抽出を行ってしまったのに対して、ギャラップ誌や米国政府の調査で利用されたのが、ランダム（無作為）に標本を選ぶ方法です。このランダムとは「でたらめに」選ぶことで、反対の概念はバイアス（偏り）です。つまり、全体の母集団からくじ引きなどでランダムに選ぶ方法です。このように標本を無作為抽出する方法は、ほとんどの調査で採用されている方法です。

　例えば、政権支持率などの世論調査をマスコミが行う場合には、母集団は国民全員となります。標本の選び方は、コンピューターでランダムに生成した約5000ほどの電話番号に自動応答方式で質問し、回答を集計したデータを利用しています。

　また、投票調査は、母集団はその選挙区に住む投票者全員になります。標本の選び方は期日前投票所の前で、投票を終えた投票者をランダムに選んで、誰に投票したのかを聞いて集計したデータを利用しています。このように両方の調査が、母集団から標本を選ぶ際に、ランダムに抽出していることがわかります。

▮▮▮ 就職活動での親のアドバイスに見られる 系統誤差を見抜け

　系統誤差への対応策がわかったところで、日常の生活での応用問題を考えて

みましょう。今、あなたは就職活動が終わってほっとしていると仮定します。ところが、母親は何人もの同じ大学の友達の名前と内定先を挙げて、みんなあなたより良い会社から内定をもらっていると主張しはじめました。そのうえ、あなたももっと就活を頑張れば、同じように良い会社から内定がもらえるはずだと主張します。いつも何も言わない父親まで、無責任に「そうだなぁ」と母親に同調してしまいました。もう就活に疲れたあなたはどう反論しますか？

　まず、母親の主張の元となる無意識に例示した同級生に偏り（バイアス）がある可能性が高いですね。たぶん、無意識に良い会社に内定をもらっていない友人を忘れているでしょう。これに対抗するには、標本となる大学の友人を無作為に抽出することです。例えば、同じ大学のクラス名簿からくじ引きで30人選んで内定先を聞いてみれば、系統誤差を小さくした結果が得られます。この30人分の内定先リストを見せて、母親が主張するようなテレビCMをやっている企業ばかりでないことを納得してもらいましょう。母親の主張が覆れば、父親は何も言わないでしょう。

図表5-6　街頭アンケート調査に潜む系統誤差の内容

問題点	内容
● 場所や時間帯（ランダム抽出でない）。	住民のうち、昼間に駅前にいる人の年齢や性別に偏りがある。
● アンケート名を大声で呼びかけることで、反対の意図がわかる。	保育園に反対の人だけがアンケートに応じる可能性がある（ポジティブバイアス）。
● アンケート調査の説明文や説明者が、反対であることをうかがわせる内容になっている。	中立的な意見の人も、説明する人の意図をくんで反対を表明する可能性がある（インタビュアー効果）。

■|| 街頭アンケートには様々なバイアス（系統誤差）が含まれている

　両親に続いて今度は祖父母が、近所に保育園ができるのを阻止するために街頭アンケート調査をするから手伝えと言ってきました。最寄りの駅前で、午後3時から大声で協力を呼び掛けるそうです。他に予定があるあなたは、何とか断る理由を見つけたい場合、祖父母をどのように説得しますか？

第5章　街頭アンケートはあてになるのか

　図表5-6に、街頭アンケート調査の問題点をまとめました。まず、駅前に午後3時にいる人は住民全体から見ると性別や年齢層に偏りがある可能性があります。例えば、中年男性は仕事に行っているため、アンケート調査に参加できなくなります。次に、街頭でアンケートを呼び掛ける際に、保育園に反対するための調査であることを呼び掛けると、同じ意見の人だけが調査に応じる可能性（ポジティブバイアス）が高くなります。保育園の設置に賛成であっても、わざわざ反対意見の人が行う調査に応じる度胸のある人は少ないでしょう。さらに、アンケート調査の説明文やその調査人が明らかに反対の立場だとわかれば、中立的な意見の人でも無意識に意見を合わせてしまうインタビュー効果が起きてしまいます。実際に街頭アンケート調査で保育園に反対の意見が95％であったとしても、それは同じ意見の人を調査したためで、住民全体の意見を反映しているとは言えません。

　もし、このような標本抽出における問題点を知っているとすれば、公正な調査をするというよりは、自分たちの主張に都合のよいデータを得るためでしかありません。あなたは祖父母に、専門の調査会社に依頼してランダム抽出することを進めるとよいですね。

実際の調査では、ランダム抽出に層化抽出法がよく利用される

　ギャラップ誌の調査では、所得層や人種が全米と同じ割合になるようにランダム抽出を行いました。この方法は層化無作為抽出法で、現実の調査でよく使われる手法です。具体的には、母集団の特性のうち、調査結果に影響を及ぼす要因（年齢や性別、人種や地域など）をグループ化し、そのグループごとに標本のランダム抽出を行う方法です。図表5-7にあるように、母集団の男女比が7対3の場合には、男女別のグループに分けて、標本も同じ比率になるようにランダム抽出を行います。この層化無作為抽出法により、母集団のミニチュアとなる標本を得ることがより確実にできます。

75

図表5-7　無作為(ランダム)抽出における層化抽出法のイメージ

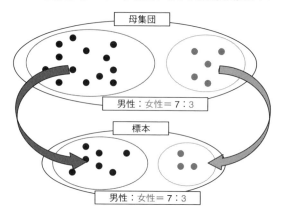

思わぬ伏兵となる、標本を測定する際の誤差（測定誤差）

ここまでは、(1)式に示したように、手元の測定値には測定誤差がないと仮定してきました。この測定誤差とは、ある現象を数値化する際に出る誤差を指します。例えば、身長を測定する際に、息を止めたり吐いたりすると数値が変化します。肉屋で量り売りでミンチを買うときに、少し多めに入ってしまう場合もあるでしょう。測定誤差を0にすることは困難ですが、なるべく小さくする必要があります。Garbage in Garbage out（元のデータが駄目なら、分析結果もごみである）と言われる理由の1つです。測定誤差が大きいときの問題について、期末テストの測定誤差を使って説明しましょう。

期末テストは、学習成果を「測定誤差」なしに観測できているか

ある科目の得点が、あなたは80点（成績評価はA）でしたが、同じ科目の友人の得点は60点（成績評価はC）でした。その友人はあなたと一緒に授業を受けていたため、理解度は2人とも同じ「70点」だが、たまたま（体調やヤマ勘で）あなたの得点は＋10点（80点）、自分は－10点（60点）になったと主張し

ています。

　2人とも70点（成績評価はB）にするべきとの友人の主張に、あなたはどのように反論しますか？

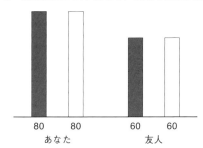

図表 5-8　測定誤差が±0点なら、実際の得点が真の理解度

注）グレーの棒は実際の得点で、白の棒は真の理解度の得点を表す。

　学生から見ると、テストの得点は限りなく正確に真の理解度を測定してもらう必要があります。もし、真の理解度を測定する際の誤差（測定誤差）がない（0点）のであれば、あなたの得点80点が実力通りということになります。図表 5-8 で示したように、真の点数を表す白の棒と、テストの点数を表すグレーの棒は同じ高さになります。一方で友達は、得点の60点の理解度しかないため、成績評価の変更はするべきではありません。

テストの測定誤差が±5点程度ある場合の実力は異なるはず

　しかし、実際にはテストで理解度や学習効果を測定誤差なしに測ることは困難です。むしろ、試験問題の内容の偏りや質問の仕方などにより、試験での理解度の測定には「誤差」がつきものとされています。例えば、英語能力試験 TOEIC では、990点満点において測定誤差は35点程度（約3.5％）であることを公表しています。さらに、学生の側でも体調不良や得意分野等の要因で、測定結果（得点）は上下します。測定誤差がどの程度なのかは、同じ学生グルー

プに何度か試験を受けてもらうという試行をしてみないとわかりません。仮に、その測定誤差が5点のケースと10点のケースで、どのような問題が起こるかを見てみましょう（ただし、測定誤差はランダムに生じて、一方向ではないと仮定します）。

図表5-9　測定誤差が±5点であれば、実力は75点と65点

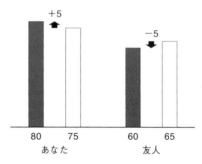

注）グレーの棒は実際の得点で、白の棒は真の理解度の得点を表す。

　図表5-9は、測定誤差が5点のケースで、実際の得点（グレーの棒）が80点と60点の場合の、学習効果（白の棒）を想定したものです。あなたの80点については、測定誤差が得点を上げる方向に影響を与えたとすれば、学習効果（実力）は75点です。一方で友達の方は、測定誤差が得点を下げる方向に影響を与えたとすれば、学習効果は65点です。このケースでは測定誤差があっても、あなたと友達の間には依然として10点分の理解度の差があります。

　次は、測定誤差が±10点あるケースです（図表5-10）。あなたの得点が80点で、測定誤差は点数を増加させる方向に影響を与えたとすると、真の理解度は70点と考えられます。一方で友達の方は、実際の得点60点に対して測定誤差は点数を悪化させる方向に影響したとすれば、真の学習効果は70点であったと考えられます。このように、測定誤差が10点とかなり大きく、その影響が2人の間で反対方向に影響を及ぼした場合にのみ、あなたと友達の真の理解度は同じ水準にあると言えるでしょう。

図表 5 - 10　測定誤差が±10点であれば、実力は70点で同じ

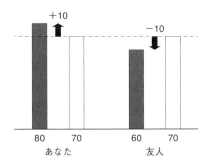

注）グレーの棒は実際の得点で、白の棒は真の理解度の得点を表す。

測定誤差が大きいデータは、大きな問題

　ここまで見てきたように、測定誤差がどの程度大きいかで、あなたと友人の理解度の優劣は異なってしまいます。最初の測定誤差が０点のケース（図表５-８）では、あなたの理解度がそのまま試験の点数（実力80点）になります。次に、試験の測定誤差が５点のケース（図表５-９）では、あなたは運が良いとすれば、得点80点から誤差５点を差し引いた75点が実力になります。さらに、試験の測定誤差が10点のケース（図表５-10）では、あなたは運が良いとすれば、得点80点から誤差10点を引いた70点が実力となり、運が悪いあなたの友人と同じ実力であるので、成績評価は２人ともＢとするべきです。したがって、測定誤差が大きいと正確な分析やそれに基づく判断ができません。あなたは、試験の測定誤差が10点より小さいことをデータで確認する必要がありそうです（実際にそうであれば、試験自体が問題です）。

　このように、データの測定誤差は重大な問題で、測定方法の他にも、用語の定義が曖昧なためにデータを入力する人によってカウントが違ったり、入力ミスや転記ミスなどにも注意する必要があります。標本のデータ数（標本サイズ）が大きいからといって、測定誤差が小さいとは限りません。そのため、分析に用いるデータを事前によく精査することを忘れないようにしましょう。

第6章 台風の予報円は信じてよいのか
（標本変動と信頼区間）

補足資料

● 第6章の内容を解説した YouTube 動画

https://youtu.be/4QrWIVxRKYI

● YouTube 動画で使用したパワーポイント

https://drive.google.com/file/d/14txtSA7DvZnmFdkS2CAMbmDsnb2WojY-/view?usp = sharing

● 第6章の演習用エクセルファイル

https://drive.google.com/file/d/1RM0O_tDi767ZNqyNV1JUC34P GRO1kP8/view?usp = sharing

母集団の特性を標本のデータから予測する2つの方法（点推定と区間推定）

これまでに、母集団と標本の違いを理解しました。ある標本（一部のデータ）が手元にある場合、ランダム抽出を用いた場合には系統誤差は小さく、ランダム誤差が含まれています。本当に知りたいのは母集団の特性（例えば母平均値）ですが、「推定」を行うことにより、手元の標本から予想することが可能になります。

この推定には、幅を持った推定（区間推定）と、ピンポイントでの推定（点推定）があります。この2つの推定方法の違いを、図表6-1で説明しましょう。

図表6-1　台風の進路：確率70％で進む範囲を、幅を持って予想する（区間推定）

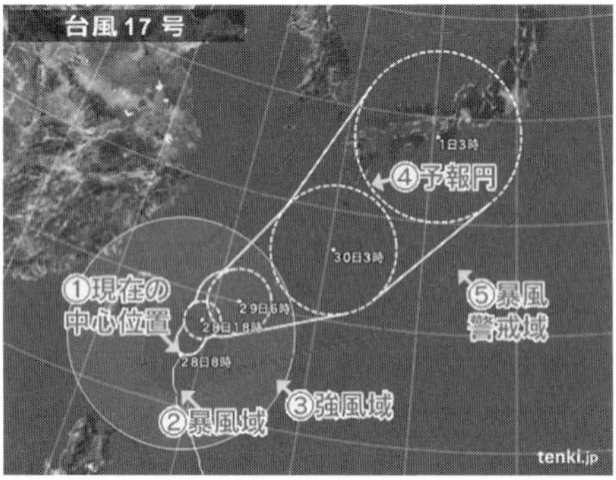

出所）「tenki.jp」ウェブサイト。

例えば点推定とは、台風の進路でいうと、特定の日時に台風がいる場所を特定の住所（点）で予想することです。非常にわかりやすいですし、住民は避難すべきか否かの意思決定ができるので実用性が高いですね。しかし、実際には気象条件は刻一刻と変化しますので、ピンポイントでの予測は困難と考えられます。

そこで、台風の進路を「幅」を持たせて予想し、「範囲」を作った方が実用的です。図表6-1のように、台風の進路予想は、ある日時に台風が入る確率

が70％になる範囲（「予報円」）を利用しています。つまり、台風が通りそうなエリアの中から確率的に高い部分を抜き出すわけです。これは、統計学でいう「区間推定」とよく似ています。私たちも、区間推定の1つである「信頼区間」から考えていきましょう。

母集団の平均値を標本から予想する際の手がかり

「推定」についてもう一度専門用語を整理しましょう。これから私たちが取り組むのは、母集団の特性（例えば母平均値）を、手元にある標本のデータ（例えば標本平均値）を手がかりにして、幅を持って予想する（区間推定）という手法です。現実にも、母集団の平均値を知りたい場合は多いでしょう。例えば、日本国民全体の所得の「平均値」や、日本の大学生全体の勉強時間の「平均値」などは、重要な情報です。

ただし、入手できるのはその一部（標本）のみで、例えば、標本平均値なら簡単に算出できます。では、母平均値を、標本平均値を用いて予想できないでしょうか？　このとき、標本平均を確定した1つの値（実現値）というよりも、数多くの標本平均の「確率分布」として考えることができれば、推定をする手がかりになります（図表6-2）。確率分布については、すでに第4章で勉強しましたから、シンプルな具体例を用いて考えてみましょう。

図表6-2　一部の標本から母集団全体の特性を「確率分布」で推測する

5つのボールからランダムに取り出した2つのボールの試行

　具体例のよいところは、直感的に理解しやすい点です。私の実際の授業では、箱に5つのボールを入れて、受講生の皆さんに中を覗かずに2つを取り出してもらい、また箱に戻してもらうという実験（試行）を3回行っています（図表6-3）。単純な試行ですが、いつも興味津々で参加してくれています。

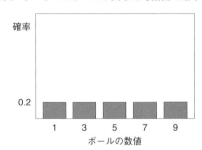

図表6-3　5つのボールが入った母集団の確率分布

　この試行を専門用語で言いかえると、「母集団（5つのボールが入った箱）から標本（取り出した2つのボール）をランダム抽出する試行を3回行う」となります。取り出したボールはもう一度箱（母集団）に戻してもらう復元試行（36ページの図表3-7）ですから、確率的に「独立」な試行です。

　では、この「試行」の標本の平均値は「定数（確定的な実現値）」でしょうか。それとも、「確率変数（確率的に実現値が変化する変数）」でしょうか。多くの受講生は、平均値は「定数」と考えています。しかし、何回も試行を行うとどうなるでしょうか。

　図表6-4に試行の内容を示しました（QRコードから動画を視聴できます）。母集団となる箱の中には、数字の1、3、5、7、9が書いてある5つのボールが入っています。5つのボールの数値を合計すると25で、合計値をボールの個数5で割ると、母平均値は5になります。この5つのボールから、中を覗かずに（ランダムに）2つのボールを取り出します（例えば1と3）。無作為抽出ですから系統誤差はほとんどなく、標本のランダム誤差が残ります。

第6章　台風の予報円は信じてよいのか

図表6-4　標本抽出を3回行った場合の標本平均値（3回分）

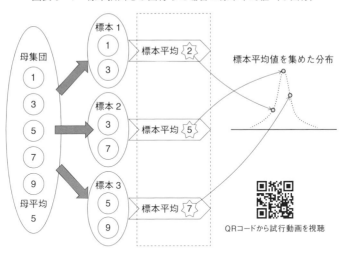

QRコードから試行動画を視聴

　この1回目の標本（標本1）の標本平均値は、(1+3)÷2＝2ですから2となります。標本1の2つのボールを母集団に戻して、もう一度ランダム抽出を行うと、2つ目の標本（標本2）は3と7でした。標本2の標本平均値は5になります。さらに、ボールを母集団に戻して、3つ目の標本3では、標本平均値が7になりました。このように、何度も標本抽出を行っていくと、標本平均値がいくつも得られます（標本1から標本3まででは、標本平均値は2と5と7）。

　この試行を何度も繰り返していけば、標本抽出から生まれるランダムな変動（標本変動）を受ける標本平均の確率的な動き（分布）が見られます。この試行回数が多ければ多いほど、理論的な標本平均の確率分布に近づいていくことがわかっています。

何度も試行すると、標本平均の確率分布が見られる

　多数回試行した場合には、5つのボールから2つのボールを取り出したときの組み合わせは10通りだけになります。具体的には、5つのボール（1、3、

5、7、9) から 2 つのボールを取り出す独立な試行の組み合わせは、(1, 3)(1, 5)(1, 7)(1, 9)(3, 5)(3, 7)(3, 9)(5, 7)(5, 9)(7, 9) の10通りで、その出現確率は同じ (つまり、$\frac{1}{10}$ ずつ) になります。2つのボールの10通りの組み合わせの平均値をそれぞれ計算すると、(2, 3, 4, 5, 4, 5, 6, 6, 7, 8) の10個の標本平均値が得られます。それぞれの標本平均値が出る確率は $\frac{1}{10}$ です (図表 6 - 5)。標本平均のそれぞれの実現値とその確率が紐付けされているので、「2つのボールの標本平均」は確率変数になります。

図表 6 - 5　10通りの標本平均値とその確率の組み合わせ

2つの目	1, 3	1, 5	1, 7	1, 9	3, 5	3, 7	3, 9	5, 7	5, 9	7, 9
標本平均	2	3	4	5	4	5	6	6	7	8
確率	0.1	0.1	0.1	0.1	0.1	0.1	0.1	0.1	0.1	0.1

図表 6 - 5 の標本平均の確率分布をグラフにして、10%を1つの四角で示したのが、図表 6 - 6 です。母平均値は 5 ですから、同じ標本平均値 5 が20%の確率で出現します。色が濃いグレーの部分を見ると、母平均値と1つしか違わない 4 と 6 も20%で、4 から 6 で60%を占めています。母集団から無作為抽出した標本平均値は、母平均値に近い値になるようです。

図表 6 - 6　10通りの標本平均値とその確率の組み合わせ (標本平均の確率分布)

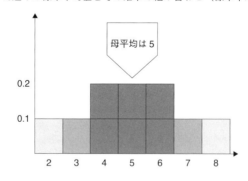

標本平均は、母平均を推定するときに使う「推定量（数式）」

　ここで、10個の「標本平均の平均値」を算出してみましょう。確率変数の平均値（期待値）は、実現値（標本平均値）に確率を掛けて、全てを合計した数値になります（39ページの図表3-11）。具体的には、図表6-7のようになります。

　5つのボールから何度も標本抽出した場合に、2つのボールに書いてある数の平均値（「実現値」）は、2から8までの7種類でした。それぞれの数値にその実現値の確率（$\frac{1}{10}$や$\frac{2}{10}$）を掛けて合計すると、期待値は5.0になります。不思議なことに、標本平均の期待値（平均値）は、母平均値に一致しました。

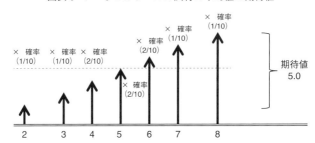

図表6-7　5つのボールの試行の平均値の期待値

　このように、知りたい数値（ここでは母平均）を予測（推定）するための計算ルール（ここでは標本平均の計算式）を、「推定量（estimator）」と呼びます。推定「量」と言うと計算後の数値を指しているように感じますが、英語の表現によると「推定するときにつかうヤツ」という意味のようです。この推定量は、未知の母平均を知りたいときに、手元にある標本のデータから算出できる必要があります。標本はランダムな誤差の影響を受けますから、どの推定量も百発百中というわけにはいきません。しかし、標本平均は推定量として重要な資質を持っています。それは、図表6-7で計算したように、標本平均（推定量）の期待値が、母平均値になるという「不偏」推定量の性質です。この性質は、今回の5つのボールの試行だけでなく、一般的に成立することが確かめ

られています。どうやら、母平均値を予想する際に、標本平均の平均値を母平均と考えて、予想範囲の真ん中に持ってきてもよさそうです。

標本平均の平均値を予想に使う

「区間推定」における推定した幅を示す「信頼区間」のコンセプトを、5つのボールの母集団から得られた標本平均の確率分布（図表6-8）から簡単に説明してみましょう。母集団からランダム抽出された標本の平均値は、ランダム誤差の影響で、一定の確率分布を示しました。標本平均の平均値（期待値）は母平均値に近いという可能性が高いので、母平均値の予測幅の真ん中を、標本平均値の真ん中（期待値の5）に置いてみましょう。

図表6-8　標本平均の確率分布のうち、60％の確率で母平均が存在する範囲

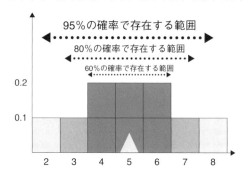

図表6-8の1つのブロックは10％のカタマリになっており、標本平均値が4から6の間にはブロックが6個あるので、60％の確率になります（図表6-8の濃いグレーの部分）。同じように、標本平均値が80％の範囲は、標本平均値が3から7の範囲です（図表6-8の薄いグレーの部分）。つまり、信頼区間で考えると80％の確率で母平均が3から7の範囲に存在すると考えるというものです。台風の予報円が70％の範囲ですから、それほど不正確ではないでしょう。

では、母平均値が95％で存在するであろう範囲（95％の信頼区間と呼びま

す）の数値はいくらになるでしょうか。残念ながら、ブロック1個が10％のため、5％刻みの数値を得ることは、5つのボールの試行では得られません。区間推定では通常、95％の信頼区間を推定することが多いのです。少し無理をして、95％の信頼区間が推定できるかどうか、標本平均の確率分布が正規分布していると仮定して、さらに話を進めてみましょう。

標本平均の確率分布が正規分布なら、（標本平均の）標準偏差何個分かで確率がわかる

今回の試行ではボールの数が少ないため、標本平均の確率分布が正規分布しているかどうかわかりません。もし正規分布していれば、Zスコアの図表（第4章の図表4-18）で見たように、標本平均の平均値を中心にして、「標本平均の標準偏差」の約2個分が95％を占めるはずです。

物は試しに、標本平均の（確率分布から）分散と標準偏差を計算してみましょう。確率変数の標準偏差を計算する39ページの図表3-12に、標本平均の平均値（期待値）5（点線）、点線と個別の標本平均値の距離の2乗（グレーの正方形の面積）、それぞれの平均値の確率を入れれば計算できます。

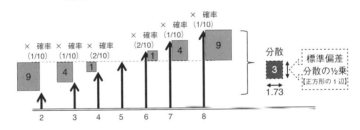

図表6-9　5つのボールの試行の平均値の標準偏差

図表6-9のように、2から8までの標本平均値について、グレーの正方形の面積に確率を掛けて合計すると3になります。これが分散ですから、0.5乗すると標準偏差は約1.73（＝$\sqrt{3}$）になります。

おおよそ「標本平均値5±2標準偏差分」が全体の95％を占めるとすると、信頼区間の上限値は5＋(2×1.73)で8.46、下限値は5−(2×1.73)で1.54と計算

できます。つまり、信頼区間は1.54から8.46となります。ただし、今回のボールの値は「離散」確率変数なので、無理やりな感じがしますね。同じ考え方（コンセプト）を連続確率変数に入れ替えてみれば、正確に区間推定ができそうです。

信頼区間の事例：「①簡単なケース」と「②複雑なケース」

　今度は連続変数を用いて、①簡単なケース（IQ）と、②複雑なケース（工場）の2つの具体例で、信頼区間を求めてみましょう。

　①簡単なケースでは知能指数IQの区間推定を行います。IQの特徴は、母集団は正規分布しており、母平均も母分散（母標準偏差）も判明しています。と言いますか、IQという指数は、標準偏差が「15」になるように偏差値と同じように設計された指数なのです。母集団が正規分布の場合には、そこからランダム抽出された標本に含まれるデータも正規分布することがわかっています。標本平均は、標本に含まれるデータを合計して、データの数で割った分布になるはずです。大変便利なことに、正規分布は合計しても正規分布、割っても正規分布になることがわかっています。したがってIQの場合には、標本平均も正規分布し、その標本平均の標準偏差が「母標準偏差$/\sqrt{n}$」（nは標本サイズ）となるので、とても便利です（図表6-10）。

図表6-10　区間推定「①簡単なケース（IQ）」の概要

	母集団の分布	母分散	標本平均の分布	標本平均の標準偏差
簡単なケース	正規分布	既知	正規分布	母標準偏差$/\sqrt{n}$

母集団が正規分布で母標準偏差が既知なら、標本平均の確率分布の標準偏差がわかる

　母集団が正規分布していれば、母標準偏差から「標本平均の確率分布の標準

偏差」を知ることができます（図表6-11）。ある母集団が正規分布している場合、そこからランダムに取り出した標本に含まれるデータも、母集団と同じように正規分布します。その2つの標本に含まれるデータの数（標本サイズ n）は同じとします。それぞれの標本データから平均値を計算すると、2つの標本から2つの標本平均値を得ることができます。この標本平均の確率分布も正規分布することがわかっています。

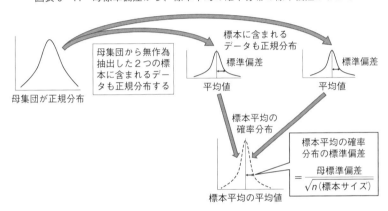

図表6-11　母標準偏差から、標本平均の確率分布の標準偏差がわかる

また、標本平均の確率分布の分散は、母分散を標本サイズ n で割った数値（母分散/標本サイズ）になります。分散は標準偏差を2乗した数値ですから、標準偏差は分散を0.5乗（$\sqrt{\;}$）すれば得られます。したがって、標本平均の確率分布の標準偏差は、「母標準偏差/(標本サイズの0.5乗)」になります。

このように母集団が正規分布していれば、標本サイズ n の標本から計算した標本平均の確率分布の標準偏差は、「母標準偏差/$\sqrt{n}$」になります（この関係は第9章でも使います）。

①簡単なケースで母集団の情報を利用して区間推定する

標本平均の確率分布の標準偏差がわかったところで、①簡単なケース（IQ）

の区間推定を進めましょう。人間の知能は正規分布することが経験的に知られており、その知能を数値化したのが知能指数（IQ）です。IQ は、母集団の平均値が100で、標準偏差が15になるように設計されています。したがって母集団においては、平均値100を挟んで標準偏差2個分（30）の範囲（70～130）が95％を占めるはずです。つまり、IQ が130であれば平均値より標準偏差2個分離れていますから、全体の上位2.5％に入る「すごい人」になります（Mensaというクラブに入れるそうです）。

　ある大学では、1年生のときに全員をランダムに抽出して6つのクラスに分け、統計学を学びます。このランダム抽出によって分けられた統計クラスの1つで IQ テストを行ったところ、IQ の平均値が107.5と出ました。この大学の1年生全員の IQ の平均値は100でした。この統計クラスの学生は、我々は1年生全体より知能が高い天才集団であると主張し、大学に特別待遇（学食を優先的に利用できるなど）を要求し始めました。困った大学は、100と107.5の差は、たまたま体調が良いときにテストを受けたことなどにより、標本を取り出す際に生じたランダムな誤差であり、統計クラスの学生も IQ が100であると主張しました。そこで統計クラスの一員であるあなたは、ランダムな誤差を考慮しても、天才集団であることを信頼区間を使って示したいと考えました。

　それでは、この母集団の情報から標本についてわかることを確認しておきましょう。まず、母集団が正規分布の場合には、そこからランダムに抽出された標本（統計クラス）の平均値も正規分布します。そして、標本平均の確率分布の平均値は母平均になり、その標準偏差は「母標準偏差$/\sqrt{n}$」であることがわかっています（nは標本サイズ）（図表6-10）。ある統計クラスの人数は100名で、標本サイズは$n = 100$となります。

ある統計クラスの95％信頼区間は、IQ105～110

　ある統計クラスの IQ の平均値（標本平均値）は107.5でした。この標本（統計クラス）は、母集団（1年生全体）に属しているのでしょうか。そうであれば、標本平均はランダム誤差により高めに出ただけで、母平均は100の

ずです。それとも、標本の母集団は Mensa のような天才集団で、別の母平均を持つのでしょうか。もしそうであれば、標本平均値107.5は単なるランダム誤差だけでは説明できないはずです。

信頼区間を算出するために、仮に標本平均を母平均と考えます。これは、標本である統計クラスは母集団である1年生全体からランダムに抽出されているので、母平均より高い確率も母平均より低い確率も同じと考えることができるからです。このような考え方から、信頼区間の中心に、母平均の代わりに標本平均を持ってきます。

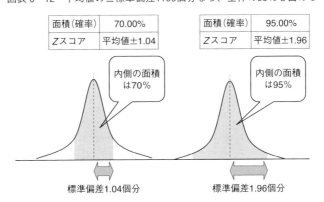

図表6-12　平均値の±標準偏差1.96個分なら、全体の95%を占める

この標本平均を中心にした標本平均の確率分布がわかれば、標本平均が95%の確率で存在する範囲を知ることができます。皆さんはすでに標本平均が正規分布することを知っていますから、標準偏差2個分の範囲のはずだと考えるでしょう。大変都合のよいことに、母集団の標準偏差（母標準偏差）が15とわかっていますから、これを標本サイズ（100）を0.5乗した数値10で割った1.5が、「標本平均の確率分布の標準偏差」となります。

これで、標本平均の両側に「標本平均の正規分布の標準偏差」が2個分の横軸の数値を計算すればよいのですが、標準誤差2個分というのは粗い計算方法で、正確には95.44%になります。ちょうど95%にするためには、図表6-12にあるように、標準誤差1.96個分で計算する必要がありました（忘れた人は、64ページの図表4-18も参照してください）。

図表 6-13 母平均値の95％信頼区間（①簡単なケース）の推定方法

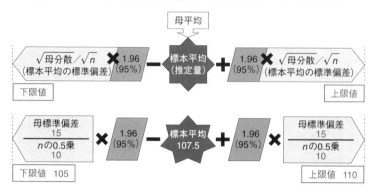

　図表6-13に95％信頼区間の計算方法を示しました。母平均値が標本平均になる確率が一番高いと仮定して中心に置いて、そこからプラス1.96×[母標準偏差/(標本サイズの0.5乗)]とすると信頼区間の上限値（推定する母平均の幅の最大値）に、マイナス1.96×[母標準偏差/(標本サイズの0.5乗)]とすると信頼区間の下限値（推定する母平均の幅の最小値）が算出できます。これに具体的な数値をあてはめたものが、図表6-13の下の段です。

　ある統計クラスの学生の母集団の平均値を、95％信頼区間を使って標本抽出時に生じるランダム誤差を含めて推定したところ、おおよそ105から110の間となりました。そこであなたは、ある統計クラスのIQは100より高く、1年生全体とは異なると考えてもよいと大学に主張し、特別待遇を要求することにしました。大学側は「特別待遇はできない」と断りましたが、統計クラスの学生には大学院のデータサイエンスの特別コースの履修を特別に許可するという対応をしたそうです（フィクションです）。

②複雑なケースでは、母分散（母標準偏差）の情報がない

　しかし、皆さんは母平均がわからないのに、母分散（母標準偏差）がわかるなんておかしいと感じませんでしたか。現実には、母集団の特性（特に母標準偏差）が判明していることは稀なのです。お察しの通り、①簡単なケースは、

図表6-14 区間推定の簡単なケースと複雑なケースの対比

	母集団の分布	母標準偏差	標本平均の分布	標本平均の標準偏差
①簡単な ケース	正規分布	既知	正規分布	母標準偏差$/\sqrt{n}$
②複雑な ケース	正規分布	未知	正規分布	[問題] 母分散が未知

区間推定を理解しやすくするために非現実的な条件をそろえたケースなのです。

　では次に、②複雑なケース（工場）で、現実的な問題に取り組みましょう。このケースでは、母分散（母標準偏差）がわからないので標準誤差が計算できないという点が［問題］になります（図表6-14の［問題］）。

母分散が未知なら、標準誤差の代用品の標準偏差は「不偏」分散から計算する方が正確

　さて、母分散（母標準偏差）が未知なので、標本平均（母平均の推定量）の標準偏差である「母標準偏差$/\sqrt{n}$」を計算できないという［問題］にどう対処すればいいでしょうか。そこで、母分散の代用品として標本の分散（標本分散）を計算し、母標準偏差の代わりにするのはどうでしょうか。

　母分散の代わりに標本分散を利用するのはなかなかの名案だと思いますが、1つ問題があります。実は、母集団の分散の代わりに標本分散をそのまま利用すると、計算した数値が小さくなりすぎる傾向があります。これは、分散を計算する際に計算する「偏差」が、母平均値からの偏差よりも標本平均値からの偏差の方が小さくなるためと考えられます。

　図表6-15の標本1は、1と3の2つの標本で、標本平均値は2と母平均より小さいため、その偏差も標本平均からの方が母平均からよりも小さくなります。同様に標本4は7と9の標本で、標本平均値は8と母平均より大きいため、その偏差も標本平均からの方が小さくなります。ここでは極端な条件の事例を示したに過ぎませんが、イメージを持っていただけたでしょうか。

　次に図表6-16を見ながら、5つのボールの母集団の事例で、母分散と標本分散の違いを具体的な数値で確認してみましょう。母集団は実現値が1、3、

図表6-15 母平均からの偏差より、標本平均からの偏差が小さい傾向がある

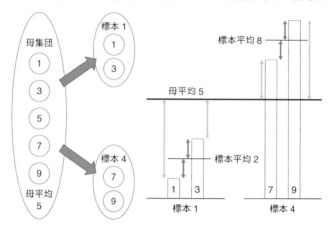

図表6-16 母分散の推定に利用するのは、標本分散より不偏分散

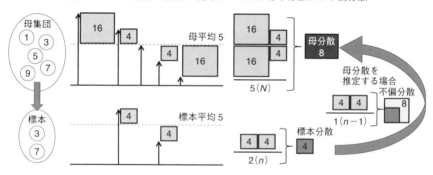

5、7、9の5つのボールで、平均値は5なので、母分散は$[(1-5)^2+(3-5)^2+(5-5)^2+(7-5)^2+(9-5)^2]\div5$で計算されます。この値は$40\div5$より8です。

次に、母集団から2つのボールをランダムに取り出した標本（例えば3と7）の標本分散を計算してみましょう。標本平均値は5なので、標本分散は$[(3-5)^2+(7-5)^2]\div2=[4+4]\div2=4$となります。予想通り、標本分散は母分散の値より小さくなってしまいました。したがって、両者を0.5乗した標準偏差でも同じ問題が生じます。

このような小さい方への偏りが出ないように、「母分散」の代用品として「不偏分散」が開発されました。この不偏分散は、標本の分散を通常の

第6章 台風の予報円は信じてよいのか

図表6-17 標本サイズが大きくなれば、不偏分散は標本分散に近づく

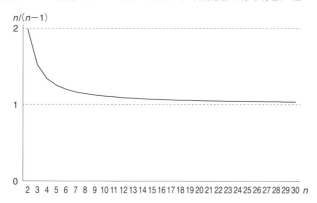

$n(=2)$ ではなく $n-1(=1)$ で割ることで、少し大きめな母分散に近くなるように調整します（不偏分散の期待値が母分散と等しくなります）。先ほどの標本の平方和8を $n(=2)$ ではなく $n-1(=1)$ で割ると、$[4+4]÷(2-1)=8$ として「不偏分散」が得られます。この標本から計算した不偏分散の値は、ちょうど母分散の値と同じになりました。いつも標本の不偏分散が母分散と一致するわけではありませんが、標本分散よりも正確な推定が可能になります。

なお、不偏分散は標本分散を $\frac{n}{n-1}$ 倍したものと考えることもできます。図表6-17に示したように、標本サイズ n が大きくなるにつれて、$\frac{n}{n-1}$ は1に近づくため、十分に大きな標本サイズがある場合には不偏分散と標本分散はほぼ同じ値になります。逆に、標本サイズが小さい場合には不偏分散が重要になります。

やっと［問題］（図表6-14）も解決に近づきました。母分散（母標準偏差）が未知でも、代わりに標本から計算できる不偏分散を母分散の代用品として利用すれば、②複雑なケースでも区間推定ができそうです。

②複雑なケースで、母平均を95％信頼区間で推定する

これでデータがそろったので、②複雑なケースで信頼区間を計算できます。

あるメーカーでは、規定含有量が120ml の薬品を埼玉工場と千葉工場で生産しており、母平均値の95％信頼区間を使って規定通りに生産されているか確認します。全数調査は困難なので、各工場で30標本をランダムに抜き取り検査を実施しました（標本抽出に際して、系統誤差はないと仮定できます）。埼玉（千葉）工場の標本から、埼玉（千葉）工場の母集団（１年間の全生産物）が適正か（120ml であるかどうか）を判断します。

まず、標本平均を母平均値の推定量とし、母標準偏差の代わりに不変分散から算出した標準偏差（標本〔不偏〕標準偏差）を利用します[注1]。図表2－1（再掲）が標本で、その計算方法を図表6－18の最上段の図に示しました。図表6－13の①簡単なケースとの違いは、「母分散」が「不偏分散」に置き換わっているところです[注2]。

図表2－1　埼玉工場と千葉工場の標本データ（再掲）

埼玉工場

119.5	121.5	115.0
119.0	119.0	119.0
119.5	120.5	119.5
120.0	120.5	119.5
118.0	120.0	121.5
117.5	120.5	122.0
118.5	118.5	121.0
121.0	120.0	117.0
118.5	119.5	120.0
116.0	120.0	119.0

千葉工場

120.0	120.0	120.5
119.5	119.0	121.0
119.0	118.5	123.0
121.0	119.5	118.5
119.0	100.5	122.0
120.0	121.5	120.0
119.5	119.0	120.0
122.0	120.5	119.5
120.5	121.0	120.0
120.5	118.5	119.5

図表6－18の真ん中の星形の部分に入る標本平均は、埼玉工場で119.30ml、千葉工場で120.13ml でした。標本サイズはそれぞれ30です。不偏分散から算出した標本（不偏）標準偏差は、埼玉工場で1.58、千葉工場で1.13でした。すると、95％信頼区間の上限値と下限値は次のように計算できます。

注1）標本（不偏）標準偏差は、不偏分散から計算した標準偏差を指しますが、不偏推定量ではないため、カッコを付けて（不偏）という表記にしてあります。
注2）ただし、標本サイズの違いにより倍数が異なることがあります（p.101で後述）。

図表6-18 母平均値の95%信頼区間（②複雑なケース）の推定方法

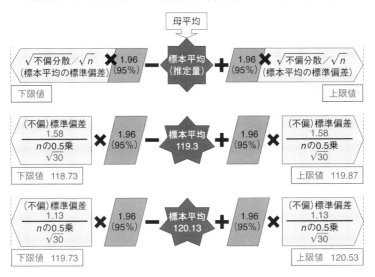

　まず、図表6-18の上段に埼玉工場の数値を入れると、図表6-18の中段の図のようになります。次に千葉工場の数値を入れると、図表6-18の最下段の図のようになります。

　図表6-19は、2つの工場の95%信頼区間を縦にしてグラフ化したものです。ここで重要なのは、千葉工場では信頼区間に製品の規定含有量の120mlを含んでいるのに対して、埼玉工場では信頼区間が120mlより外側にあるということです。したがって、埼玉工場の場合にはランダム誤差を考慮して幅を持って母平均値を推定したとしても、120mlにはならなかったのです。もし、埼玉工場長が標本抽出の際のランダム誤差のせいにしようとしても言い訳はできません。一方で、千葉工場の場合には信頼区間が120mlを含んでいるので、大きな問題はないと考えてもよいでしょう（少し弱気ですが）。

　この信頼区間を使えば、標本抽出の具合で平均値がたまたま上振れしたという言い訳はできなくなります。なお、埼玉工場の信頼区間の長さが千葉工場より長いのは、標本の不偏分散が千葉工場より大きく、数値がバラついているためです。

図表6-19 母平均値の95％信頼区間（②複雑なケース）の結果

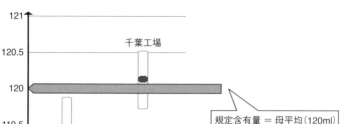

数学的「証明」と違って、「推定」には判断ミスの確率がある（重要）

　ここで「推定」の特性を理解するために、数学で登場する「証明」との違いをご説明しましょう。数学でよく利用する証明とは、ある仮定や条件を前提とした場合に、結果が正しいことを明らかにすることでしたね。この証明の重要な点は、100％の確率で成立する必要があるということです。例えば、2つの三角形が等しいことを証明する場合に、10回に1回は等しいと言ったのでは、証明したことにはなりません。証明の場合には常に（つまり100％の確率で）成立する必要があります。

　では、推定は証明のように100％正しいと言えるでしょうか。例えば、95％信頼区間の場合には、95％の確率で母平均がある範囲を推定しました。これは裏を返せば、5％の確率で外れる可能性があるわけです。推定の場合には、そもそも情報のない母集団の特性をその一部である標本から予想するわけですから、完全に正しい数値を証明することはかなり難しいのです。そこで、完全ではありませんが、確率的にみて例えば20回の予想で19回は当たるような予想をするという作業が推定になります。つまり、証明はミスの可能性が0％であるのに対して、推定はミスをする可能性を5％（これを信頼水準95％と呼びます）は許容しているということになります。

実は、信頼区間も推定であり、一定の確率（例えば5％）で間違える可能性があります。これまでは、「95％の確率で母平均が存在する範囲」とわかりやすく表現してきました。しかし、より正確には、「100回分の区間推定をした場合に、95回分は母平均を含む範囲になるが、5回分は母平均を含まない範囲になる」という理解が正確です。したがって、厳密には1回分の区間推定で母平均を含む確率は100％（含む）か0％（含まない）のどちらかであり、区間推定を1回すれば、その区間に95％の確率で母平均を含む、というわけではありません（図表6-20）。

図表6-20　標本のランダム誤差が信頼区間に及ぼす影響

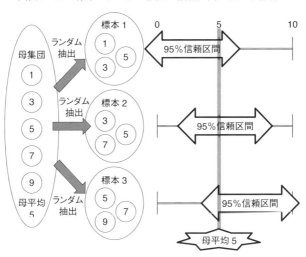

信頼区間の倍数はいつも1.96とは限らない

これで、母平均値の信頼区間の推定方法がわかりました。しかし、①簡単なケースでも②複雑なケースでも、標本サイズが十分に大きい（nが30以上）という条件がありました。この条件が満たされない場合には、正規分布を使って倍数を決定することはできません。したがって、倍数を「1.96」にしたままだ

と、確率が95％になるとは限りません。

図表 6 - 21　信頼区間の倍数は、推定量の確率分布により変わる

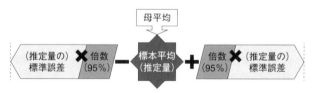

　母平均の信頼区間において、推定量が正規分布でない場合（例えば、第 9 章で出てくる t 分布など）には、その推定量の確率分布から95％になる倍数を設定する必要があります。その場合にも、標本平均を推定量として、その推定量の確率分布の標準偏差（これを標準誤差と呼びます）に倍数を掛けることにより、信頼区間の上限値と下限値を計算することができます。つまり、「倍数」は、標本サイズや推定量の確率分布で変わることをお忘れないようにお願いします（図表 6 - 21）。

第7章 隠れた浮気を見破る方法
（背理法と帰無仮説）

補足資料

● 第 7 章の内容を解説した YouTube 動画
https://youtu.be/mg4w2fS3No8

● YouTube 動画で使用したパワーポイント
https://drive.google.com/file/d/18WApvvR4Fx7ZMD9lAgJnZxBERoPV1aGK/view?usp=sharing

● 第 7 章の演習用エクセルファイル
https://drive.google.com/file/d/1XQ7gk29lXJ63H1WK1U7gBxH2fWeG0IER/view?usp=sharing

区間推定と統計的検定の違いのイメージ

区間推定は理解しやすいですが、1つの数値をピンポイントで判断する統計的検定の方が便利そうです。「統計的検定」は、経済学も含めた多くの科学的な研究に利用されています。

図表7-1　区間推定と統計的検定の違いのイメージ図

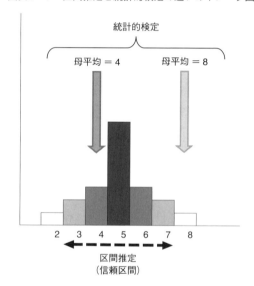

まずは、図表7-1で統計的検定のイメージを区間推定と比較しながら説明しましょう。ここでまた、5つのボールの試行を考えてみましょう。母平均の区間推定では、母平均の推定量となる標本平均の確率分布（正規分布）を利用して、標本平均の平均値を中心に全体の95％を占める面積から横軸（さいころの目）の値の範囲を予想するというものでした。

これに対して統計的検定では、同じ5つのボールの試行で母平均値を特定の値（例えば8）と仮定した場合に、確率的に確からしいかどうかを判断します。信頼区間のときには上限値と下限値の間に母平均が入っていると考えました。しかし、母平均が8となる確率や、その推測が妥当であるかは判断できま

せん。このため、統計的検定では、2つの工夫（「背理法」と「検定統計量」）を加えて考える必要があります。

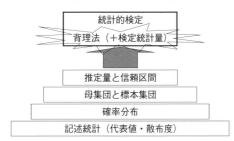

図表7-2　統計的検定には、背理法（＋検定統計量）が必要

統計的「検定」には、「背理法」（1つ目の工夫）を追加する

　第6章では、手元にある標本から母集団の特性を「推定」する方法として、区間推定を行いました。「推定」とは、標本のデータを用いて、未知である母集団の特性（例えば母平均）を推測することでした。その推定のための計算ルールを推定量（estimator）と呼び、母平均の区間推定では、標本平均を母平均の推定量として利用しました。

　しかし、検定では推定量の考え方に加えて、「背理法（帰無仮説を含む）」という1つ目の工夫を理解する必要があります（図表7-2）。実は、背理法は高校数学において証明方法の1つとして、すでに紹介されています。心配しないでください。高校数学では抽象的な説明が多かったと思いますが、ここでは身近な例を3つ挙げてわかりやすく説明します。もし1つ目の例え話で理解できた場合には、後の2つの例え話は飛ばしていただいてもかまいません。

背理法で探偵が犯人を特定する方法（背理法の例え話1）

　テレビでは、探偵物のドラマが今でも人気です。ある探偵ドラマの筋立ても

背理法に沿っていると考えられます。例えば、探偵（筆者は「刑事コロンボ」の大ファンです）がAを犯人として疑っているとしましょう。しかし、ドラマでは殺人事件が起こったシーンからはじまります。そもそも犯罪はなるべく見つからないように行われますから、現行犯での逮捕は困難です。つまり、怪しい人物Aがいても、Aが犯人であるという予想を直接立証することは困難です。

そこで探偵は、怪しい人物Aがあえて犯人ではないという仮説（「Z′ ＝ Aが犯人ではない」）を前提条件として考えます。その後、いろいろと捜査をしていくと、Aがアリバイ工作をしていること（事実①）を突き止めます。この事実①と先の仮説を突き合わせると、Aは犯人でもないのにわざわざアリバイ工作する必要がありません。探偵はドラマの終盤でAにこの矛盾を突いて、合理的な説明ができないAから自白（「Z ＝ Aが犯人」）を引き出します（図表7-3の上段）。

図表7-3　背理法の例え話のまとめ

	立証したいこと（Z）	仮定すること（Z′）	確認した事実
例え話1：犯人捜し	Aが犯人	Aが犯人ではない	①Aがアリバイ工作
例え話2：浮気疑惑	浮気している	浮気していない	②シャツに口紅
例え話3：ビール当て	味が判別できる	味が判別できない	③5回連続当てる

▐▎▎「浮気疑惑」を背理法で確認する方法（背理法の例え話2）

皆さんにはお付き合いしている異性がいますか。しかし、付き合って1年くらい経つと相手の態度がそっけなくなったり、疑わしい行動がみられたりするかもしれません。どうも浮気をしているようなのですが、浮気は隠れて行われますので、現場を押さえることは困難です。

そこで、背理法を用いて判断します。まず、確認したいのは、仮説「Z ＝ 浮気をしている」です（これを対立仮説と呼びましょう）。次に、対立仮説と反対の仮説として、仮説「Z′ ＝ 浮気をしていない」（これを「帰無」仮説と呼

106

第 7 章　隠れた浮気を見破る方法

びましょう）を考えます。そして、帰無仮説が正しいと信じて相手を観察しましょう。すると、ゼミで帰りが遅くなったと言っているのに T シャツに口紅がついていること（事実②）を確認しました。相手はいろいろと言い訳を並べていますが、勉強していて口紅がつく可能性は非常に低く、事実②から帰無仮説がおかしいと考えました。そこで、帰無仮説を信じることをやめ、対立仮説「Z＝浮気をしている」と判断することにしました（図表 7 - 3 の中段）。

ビールの味がわかるかを背理法で確認する方法（背理法の例え話 3 ）

　ある日の飲み会に参加したあなたに友人が、「私はビールを飲めば、A 社と B 社どちらのビールなのかを必ず判別できる」と言い出しました。あなたは、ビールの味の違いがわからないので半信半疑です。この友人が必ずビールの味を判別できるかを確認するためには、友人がこれから死ぬまでビールの味を一度も間違わないことを常に監視しなければならないため、直接証明することは困難です。

　そこであなたは、背理法を用いて判断することにしました。最初に、帰無仮説「Z′＝ビールの味の判別能力がない」を仮定します。そして、友人とビール当ての試行を行います。友人には、A 社か B 社か社名を隠してビールを飲んでもらい、どちらのビールかを当ててもらいます。この試行を 1 度だけでなく何度か連続して行います。

　試行結果とその生じる確率を、図表 7 - 4 に示しました。1 回目の試行では友人はみごと正解でした。帰無仮説を前提とすると味の判別能力がないことになりますから、偶然に当たる確率は五分五分（50％）です。これだけでは帰無仮説が妥当かどうか判断できません。続いて 2 回目の試行でも友人は正解しました。帰無仮説を仮定すると、2 回連続で当てる確率は25％（独立な試行なので0.5×0.5、37ページの図表 3 - 8 ）です。さらに試行を続けていくと、友人はなんと 5 回続けてビールの会社を当てることができました（事実③）。

　帰無仮説のもとで、この事実③（5 回続けてビールの会社を当てる）が成立する確率は3.1％（0.5の 5 乗）とかなり低くなります。むしろ、5 回も偶然に

107

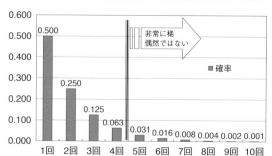

図表7-4　ビール当ての試行回数と、帰無仮説を仮定した場合の確率

ビール会社を当てたと考えることに無理があります。そこで、帰無仮説は事実③と矛盾しているとあなたは判断し、対立仮説「Z＝友人には味の判別能力がある」が妥当であると判断しました（図表7-3）。

背理法はわざと反対の仮説を唱えて、矛盾が起こると対立仮説を採択する方法

3つの例え話でご理解いただいたように、背理法とは、ある事柄Zを証明するときに、直接証明することが困難なので、ある仮説Zが真ではないという帰無仮説Z'を仮定します。次に、帰無仮説Z'を仮定すると矛盾が生じる事実を確認し、その結果として帰無仮説Z'がおかしいと考えられる、とするものです。

この背理法で用いられる帰無仮説とは、「無」に「帰」される仮説で、つまり、わざと間違った帰無仮説（Z'）を最初に唱えるというものです。実は、本当に確認したい仮説は帰無仮説の反対の「対立仮説（Z）」です。ある試行によって得られた事象から帰無仮説がおかしいことを導き、反対の対立仮説が正しいと判断するのです。

帰無仮説に矛盾が起きたかどうかは、その確率が低い（ごく稀な事象）かどうかで判断

　どのような状態の場合に帰無仮説がおかしいと判断するかの基準は、ここでは試行結果や事象の生じる確率が非常に低い場合としています。もし帰無仮説がおかしいならば、その結果生じる事象は偶然とは考えられないほど稀な確率になるはずです。では、どのくらい低い確率であれば、偶然ではないと考えられるのでしょうか。統計学では慣例として、20回に1回（5％）しか起こらない確率よりも低い場合に、帰無仮説が矛盾していると判断しています。この5％を有意水準（または危険率）と呼びます。

　このように、統計的検定における背理法による判断は確率に基づく判断であり、数学での「証明」のように100％正しいということを立証するものではありません。残念ながら、5％ですが、たまたま低い確率の事実が生じた場合には、仮説に関する判断ミスを犯す可能性が残っています。

帰無仮説を利用した統計的検定の大まかな手順

　信頼区間から統計的検定に移るのに必要な第1の工夫「背理法」を理解したところで、具体的な統計的検定の手順に入りましょう。

　第1に、「帰無仮説（例えば、2つのものが等しい）」を設定し、その反対の「対立仮説（例えば、2つのものが等しくない）」を設定します。第2に、帰無仮説を前提として、試行結果や事実が稀で、矛盾していると判断する確率（有意水準）を設定します。有意水準は一般的に5％に設定されます。

　第3に、実施する統計的検定の種類（実は、検定にはいろいろな種類があります）に適合した「統計量（検定に使う統計量を検定統計量と呼びます）」を選択し、検定統計量の数値が有意水準の確率より小さくなる範囲（棄却域）の数値を設定します。例えば、検定統計量の数値が2よりも大きいときに5％より小さい確率になる場合、検定統計量が2以上の部分が棄却域になります。

　第4に、試行結果や観察された実現値から検定統計量の数値を計算します。

この検定統計量の数値が棄却域に入っている場合には、帰無仮説を棄却し、対立仮説を採択します。

2つめの工夫となる「検定統計量」について詳しく見るために、第6章の信頼区間で使った①簡単なケース（90ページの図表6-10）を、今度は統計的検定にかけてみましょう。

図表7-5　母平均の検定の概念図

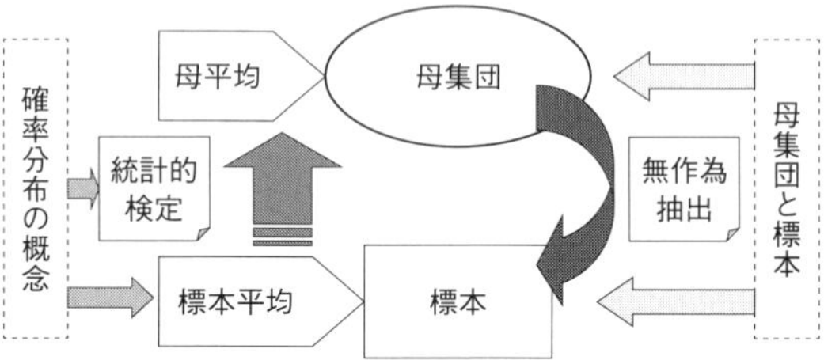

統計クラスの IQ の母平均を統計的「検定」で判断する（①簡単なケース）

それでは、母平均値が特定の値かどうか判断するための「母平均の検定」を、①簡単なケース（IQ）のデータを用いて実施しましょう。IQ テストは、母集団が平均値100、標準偏差15となるように設計されています。

ある大学の新入生全員がランダムに6つの統計クラスに振り分けられました。ある1つの統計クラスを標本として IQ テストを行ったところ、IQ の標本平均値が107.5と、かなり高い水準になりました。これを知ったその統計クラスの学生達は、自分たちは母集団の平均値より高い知能を持つ集団だと主張し、あなたに統計的検定でその違いを確認してほしいと頼んできました（図表7-5）。

帰無仮説は、「統計クラスの IQ の母平均値と全体の母平均値は等しい」

では、先ほど説明した第1から第4までの手順に従って、統計的検定を行い

ましょう。

第1に、背理法を用いて帰無仮説を設定します。帰無仮説とは、「無」に「帰」される仮説でしたから、わざと間違った仮説を最初に唱えるわけです。ただし、本当に確認したいのは、帰無仮説と反対の対立仮説です。では、帰無仮説を「ある統計クラスのIQの母平均値は100」として、対立仮説を「統計クラスのIQの母平均値は100ではない」としましょう。

ここで皆さんは、母集団の平均値が100で、標本平均値が107.5なのだから、検定をするまでもなく、明らかに帰無仮説は成立しないと考えるかもしれません。しかし、統計クラスの平均値である107.5は、標本変動によりたまたま高い平均値を実現しただけで、実は母集団の平均値は100なのかもしれません。つまり、標本平均値107.5は、標本抽出に伴いランダム誤差が生じているだけで、本来は100であり、日本人の平均的な知能を有するにすぎないかもしれません。

次に、帰無仮説と反対の意味を持つ対立仮説を設定します。対立仮説は、「ある統計クラスの母平均値は100ではない」でした。この対立仮説の意味を詳しく説明するならば、「標本の平均値107.5は、標本抽出時のランダム誤差を考慮しても、ある統計クラスは、母平均が100ではない別の母集団に属する（つまり、より優れたIQを持つ母集団に属する）」となります。

第2に、帰無仮説を判断するときの有意水準を5％と設定します。

検定統計量で母平均値100のとき、標本平均値が107.5になる確率がわかる

第3に、帰無仮説を前提として試行結果が起こる確率を、検定統計量を使って計算します（図表7-6）。このとき、ビール当てクイズ（離散確率変数）の場合であれば、帰無仮説を前提として試行結果が生じる確率を簡単に計算できました。今回は連続確率変数であるため、確率（面積）の計算が大変です。しかし、標本平均の確率分布が正規分布していますから、横軸の実現値（この場合には107.5）が、帰無仮説を前提とした標本平均値（100）から標準偏差何個分離れているのかがわかれば、全体に占める面積（確率）もわかります（64ペ

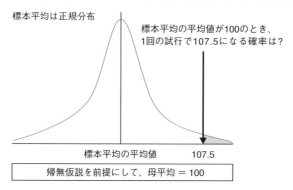

図表7-6　母平均値を100としたとき、標本平均値が107.5になる確率は？

ージの図表4-18)。

　まず、信頼区間と同じように、母集団から何度も無作為抽出した標本の平均値の分布を考えましょう。母集団が正規分布ですから、標本平均の確率分布も正規分布になります。IQの場合には、母集団の正規分布の平均値や標準偏差がわかっていますから、標本平均の確率分布の分散、標準偏差もわかりますね！　つまり、正規分布する標本平均の標準偏差（標準誤差）は、母標準偏差 $/\sqrt{n}$（nは標本の大きさ）になります。

　帰無仮説「母平均は100」を前提として考えた場合に、母集団から抽出された標本平均が107.5以上になることは稀（5％以下）なことなのでしょうか？　この確率の計算を簡略化するための2つ目の工夫が、「検定統計量」です。実は、すでに学習した「Zスコア」を、今回の「検定統計量」として利用できるのです。

検定統計量は Z スコアと同じ仕組み（しかも母平均の検定の検定統計量は Z スコア）

　Zスコアは、様々な正規分布を平均値0で、標準偏差1の標準正規分布に変換する仕組みでした。自分の得点をZスコアに変換するには、「Zスコア＝(自分の得点－平均点)/標準偏差」で計算できました。例えば、数学の点数が60点の場合には、平均点40点との差を標準偏差20点で割ることで、

Zスコアは1と計算できました（60ページの図表4 - 15）。また、社会科の点数が60点の場合には、平均点70点との差の - 10点を標準偏差5点で割れば、Zスコアは - 2と計算されます（62ページの図表4 - 16）。

Zスコアの良い点は、偏差値と違って、Zスコアの示す横軸の数値とその横軸の上部の面積（確率）の換算表があることです。このため、確率分布の面積（確率）をその都度計算しなくても、単純な計算で算出できるZスコアの数値から、その確率を知ることができます。今回の母平均の検定の検定統計量としてZスコアが使えますので、①IQのケースでは、Zスコアを算出すれば、統計クラスのIQが107.5になる確率が5％より小さいかどうかわかるのです。

図表7 - 7　統計的検定における両側検定と片側検定の違い

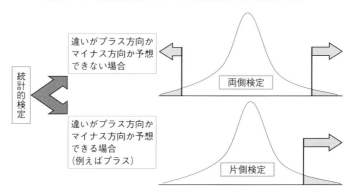

対立仮説が「ではない」なら両側検定、一方に多い（少ない）なら片側検定

IQの事例では、対立仮説を「母平均ではない」としました。この対立仮説は、IQが高いか低いかを問題にせず、母平均と等しいかどうかが問題になっています。このような対立仮説の場合には、両側検定を実施します（図表7 - 7の上側）。

両側検定の場合には、検定統計量の分布のうち両側2.5％を棄却域として、どちらかに検定統計量（今回はZスコア）が入った場合に、稀な事象が起きたと考えて、帰無仮説を棄却し、対立仮説を採択します。したがって、標準正

規分布表では、2.5%の面積（確率）を示すZスコアの数値を探す必要があります。

　ただし、今回は該当しませんが、統計クラスの知能が大学の新入生全体よりも高いはずだということが、事前に何らかの情報や理論で予測可能な場合には、片側検定を行います。例えば、統計クラスに入った学生は入学前に特別な数学の入学前講習を課されていて、入学時には他の新入生に比して知能が高くなっているという状態の場合には、対立仮説を「統計クラスのIQの母平均値は100より高い」という対立仮説を設定し、片側検定を行うことになります。この場合には、標準正規分布表では5％を示すZスコアを使うことになります（図表7-7の下側）。

　今回の対立仮説は両側検定を示していますから、標準正規分布の両端の2.5%を示す横軸の数値より外側（Zスコアが1.96より大きい、あるいは-1.96より小さい）が棄却域になります。

図表7-8　Z統計量の計算方法（母分散が既知の場合）

$$Z \text{統計量}（\text{母分散既知}）= \frac{\boxed{標本平均値} - \boxed{母平均値}}{\sqrt{\boxed{母分散} \div \boxed{標本サイズ(n)}}} = \frac{\boxed{標本平均値} - \boxed{母平均値}}{\boxed{\substack{母標準\\偏差}} \div \sqrt{\boxed{標本サイズ(n)}}}$$

標本平均値107.5のZスコアが1.96以上なら、帰無仮説を棄却

　それでは、Zスコアを計算してみましょう。帰無仮説は「母平均は100」ですから、Zスコアの計算式である図表7-8に当てはめて計算しましょう。

$$Z \text{統計量}（\text{母分散既知}）= \frac{\boxed{標本平均値} - \boxed{母平均値}}{母標準偏差/\sqrt{n}} = \frac{107.5 - 100}{15/\sqrt{100}} = 5$$

　標本平均値と母平均値の差は7.5で、母標準偏差$/\sqrt{n}$は1.5になります。分子の7.5を分母の1.5で割ると5になります。したがって、検定統計量の棄却域である1.96より外側にありますから、帰無仮説を棄却して、対立仮説を採択しま

図表 7-9　区間推定と統計的検定の違いをIQの事例で比較する

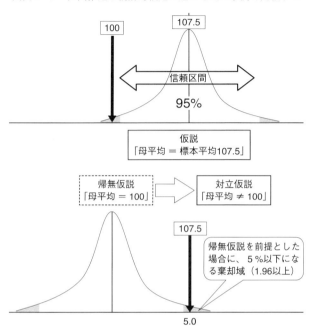

す。このことから、統計クラスの IQ の平均値は、たまたま高い値になったのではないと判断できます。あなたは、統計的検定の結果を大学に突きつけて交渉を開始することにしました。

区間推定と統計的検定では仮説は違うが、確率分布の面積を使う点は同じ

　最後に、第 6 章の「区間推定」と本章の「統計的検定」を比較してみましょう。まず、① IQ の事例の区間推定は、標本平均の実現値107.5を母平均の推定量として、「母平均は107.5に等しい」という仮説を立てました。そして、標本平均の確率分布が正規分布であることを利用して、標準偏差約 2 個分の幅を両側にとって95％の信頼区間を計算しました。この信頼区間には100が含まれなかったので、母平均は100ではないと結論付けました（図表 7-9 の上側）。

一方で、統計的検定ではあえて「母平均は100に等しい」という帰無仮説を立て、その前提で標本平均値107.5との差7.5を Z スコアに換算して、5％以下になる棄却域1.96よりも外側にある場合には、帰無仮説を棄却して対立仮説「母平均は100に等しくない」を採択します（図表7-9の下側）。

　両者は、区間推定か検定かの違いで仮説の立て方は違うものの、仮説の妥当性を確率分布（区間推定は正規分布〔平均値107.5、標準偏差1.5〕、統計的検定は標準正規分布〔平均値0、標準偏差1〕）を用いて、確率的に妥当かどうかを検証するという共通点が見られます。

第8章 薬品の含有量はきちんと守られているのか（母平均の検定）

補足資料

● 第 8 章の内容を解説した YouTube 動画

https://youtu.be/eYKAk6XW_tM

● YouTube 動画で使用したパワーポイント

https://drive.google.com/file/d/1Y_7OQDJoWqrqP1m-chLUPiXZWuw_Ok0M/view?usp=sharing

● 第 8 章の演習用エクセルファイル

https://drive.google.com/file/d/1TAQX5Edwv5zY4nXvLtp0pXZ-bXgUxyJO/view?usp=sharing

統計的検定の手順の伝統的な説明
（仕組みがわかりやすい）

　第7章で、統計的検定に必要な2つの工夫（背理法と検定統計量）を説明し、具体例として、①簡単なケース（IQ）の母平均の検定を行いました。本章では、②複雑なケース（工場）（95ページの図表6-14）を統計的検定の具体例として実施します。

　最初に、統計的検定の4つの手順について、「母平均の検定」を想定してもう一度振り返りましょう。第1に、分析の目的を踏まえて、帰無仮説「母平均は〇〇に等しい」とその反対の対立仮説を設定します。第2に、有意水準（通常は5％）を設定します。第3に、検定の種類に合致した検定統計量を選択し、有意水準に応じた棄却域を設定します。第4に、標本から得られるデータで、検定統計量の数値を算出します。その数値が棄却域に入っていれば帰無仮説を棄却し、対立仮説を採択します。つまり、帰無仮説を前提にすると極めて稀にしか起きないことが起きていることになり、これは不自然であり（矛盾が生じている）、むしろ帰無仮説が間違っているのではないかと考えるのです。

図表8-1　検定統計量が棄却域に入ったら、帰無仮説を棄却する

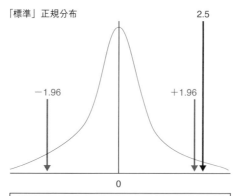

もっと簡単な統計的検定の手順の説明
（棄却域を使用しない）

　ここで皆さんは、第4の手順に違和感がないでしょうか。有意水準（5％）に応じた棄却域（Zスコアなら1.96以上）を設定して、その外側になるかどうかを判断基準にするよりも（図表8-1）、直接その確率が5％より小さいかどうかを判断できないでしょうか。実は、P値という、帰無仮説が正しいと仮定した確率分布において、標本データで計算した統計量の値（もしくはより極端な値）になる確率を示す指標を使うことができます（図表8-2）。

図表8-2　検定統計量のP値が有意水準より小さければ、帰無仮説を棄却する

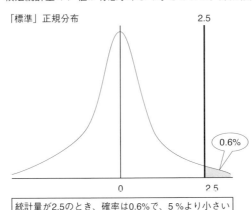

　それでは、もっと簡単な第4の手順をご紹介しましょう。第1から第3までの手順は同じです。第3の手順で検定統計量の数値を算出し、コンピュータに入っている検定統計量の数値（Zスコア）とその確率をP値として算出します。このP値が有意水準（5％）より小さければ、帰無仮説を棄却して対立仮説を採択することになります（図表8-2）。P値の算出ができるようになったのは、コンピュータの計算能力のおかげです。どちらの手順でも読者のしっくりする手順で理解していただければと思います。

②複雑なケース（工場）で母平均の検定を行う

　統計的検定を行う場合にも、母集団の分散（標準偏差）がわからないケースがほとんどです。あるメーカーでは120ml入りの薬品を、埼玉工場と千葉工場で生産しています。しかし、消費者から120mlより少ないのではないかとの問い合わせがきました。そこで、メーカーの品質管理部門に、規定量を守った生産が工場で行われているかを調査するよう指示が出ました。あなたは、全数調査は困難なので、各工場で30標本をランダムに抜き取り検査を実施しました。抜き取りには偏り（バイアス）がないように注意したので、標本収集に際して、系統誤差はないと仮定できます。2つの工場に対して、それぞれ母平均の検定を実施して、規定量より少ない製品があるのは、ランダムな誤差の影響だけであるのかを確認します。

　では、埼玉工場について4つの手順で確認していきましょう。

帰無仮説は、「埼玉工場の母集団（1年間の生産）の平均値は120」

　第1に、帰無仮説「埼玉工場の母集団（1年間の生産）の平均値は120」を設定します。対立仮説は「埼玉工場の母集団の平均値は120ではない」とします。第2に、有意水準を5％に設定します。第3に、帰無仮説を前提として検定統計量の数値を算出します。

　つまり、図表8-3のように、母平均が120に等しい、すなわち標本平均の平均値が120に等しい（第6章を参照）という前提で、標本平均の実現値（今回は119.3）がランダム誤差から発生すると考えられるかどうかを判定します。図表8-3のグレーの部分の面積が2.5％より大きいか小さいかを、検定統計量を用いて考えます。

　母平均の検定では、検定統計量はZスコアになります。Zスコアは、標準正規分布表で有意水準（5％）に対応した棄却域の数値は1.96以上（あるいは－1.96以下）になります（図表8-4）。

図表 8-3　母平均が120のときに、標本平均が119.3になった

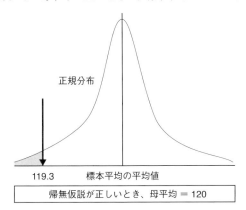

図表 8-4　検定統計量が標準正規分布のとき、棄却域は-1.96より小さい部分

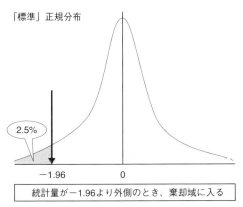

　第4の手順では、標本のデータを用いてZスコアを算出します。ここで、②複雑なケースでは、母分散が未知という問題があります。もし、IQの事例のように、母分散（母標準偏差）がわかっていれば標準誤差を「母標準偏差$/\sqrt{n}$」としますが、母分散がわからないときには、母分散（母標準偏差）の代わりに不偏分散（不偏分散から計算した標本〔不偏〕標準偏差）を使います。
　ただし、母標準偏差は定数（確定値）ですが、標本（不偏）標準偏差は標本変動の影響を受ける確率変数になるため、標本サイズが十分大きくないと正確

さに欠ける可能性があります。ここでは、十分に大きな標本サイズが確保できていると仮定して説明を続けます。

図表8-5　Z統計量の計算方法（母分散は未知だが、標本サイズが大きい場合）

　図表8-5に、検定統計量の計算方法を示しました。[標本平均−母平均] は−0.7、[標本(不偏)標準偏差/$\sqrt{n}$] は0.288より、埼玉工場のZスコアは−2.4となります。これは、棄却域の境界値−1.96よりも外側になり、検定統計量の値は棄却域に入っています（図表8-6）。つまり、帰無仮説「母平均値は120ml」を前提とすると、標本平均値が119.3mlになる確率は、両側検定で2.5％より小さいことになります。したがって、帰無仮説は棄却され、対立仮説「母平均値は120mlではない」を採択します。

図表8-6　母平均120で標本平均の実現値が119.3のときのZスコアは−2.4

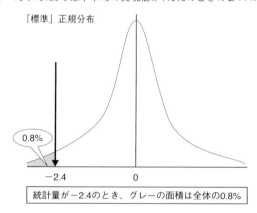

第 8 章　薬品の含有量はきちんと守られているのか

 ## 統計的検定の結果は、単なるランダム誤差の言い訳を許さない

　このことから、埼玉工場で 1 年間を通じて生産された製品は120mlの基準が守られておらず、何らかの系統バイアスが生じていると考えられます。埼玉工場の工場長は、標本平均値が120mlより少なくても、標本変動によるランダム誤差であると主張するでしょう。しかし、統計的検定を行うことにより、製品の内容量が規定を満たしておらず、製造工程や機械の調整を行うことにより系統誤差への対策を講じる必要性を主張できます。

　実は、日本の製造業が高い品質の組み立て加工製品（自動車やテレビなど）を製造できたのは、このような統計的な品質管理手法を導入したからだと言われています。現在でも世界中でこのような統計的な品質管理が行われています。

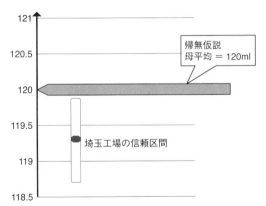

図表 8-7　埼玉工場の母平均の信頼区間と検定の関係

　図表 8-7 を見ると、区間推定である信頼区間と統計的検定の関係が見てとれます。埼玉工場の母平均値の95％信頼区間は、118.73mlから119.87mlでした。これは、実現した標本平均値のランダム誤差の範囲を示していると考えられます。今回の統計的検定では、帰無仮説として母平均値は120mlであるとしました。この120mlは信頼区間の外にありますから、ランダムな誤差では説明

できません。つまり、系統誤差が存在していると考えられるので、母平均を120mlとみなすことは困難で、120mlでないとするべきでしょう。このように判断が明確にできる点が、統計的検定で帰無仮説が棄却できたときのメリットです。

帰無仮説は、「千葉工場の母集団（１年間の生産）の平均値は120」

次に、千葉工場の母平均値が120mlであるかを検定しましょう。手順第1の帰無仮説と対立仮説は同じです。第2の有意水準も同じく5％に設定します。第3に、千葉工場の標本の平均値120.13mlと不偏分散1.28（不偏分散から計算した標本〔不偏〕標準偏差1.13）からZスコアを算出してみましょう。

図表8-8　Z統計量の計算方法（千葉工場）

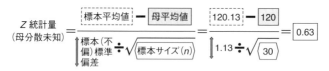

図表8-8より、千葉工場のZスコアは0.63となり、母平均120mlと標本平均の実現値120.13mlの差は、標準正規分布で見て標準偏差1個分も離れていないことがわかります（図表8-9）。標準偏差2個分以上の差があった埼玉工場と大きく異なります。今回は棄却域の境界値の1.96よりも内側になり、受容域に入っています。つまり、帰無仮説「母平均値は120ml」を前提とすると、標本平均値が120.13mlになる確率は、両側検定で2.5％より大きいことになります。したがって、帰無仮説は棄却されず、対立仮説「母平均値は120mlではない」は採択されません。

図表 8-9　千葉工場の母平均の信頼区間と検定の関係

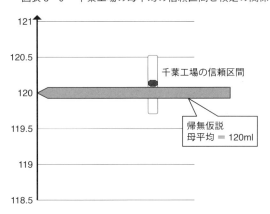

帰無仮説が棄却できないと、強い判断ができない

　このことから、千葉工場で1年間を通じて生産された製品は120mlの基準が守られていると考えても大きな問題がないことになります。つまり、千葉工場の標本平均値が120mlより多いことは、標本変動によるランダム誤差であると判断できます。

　しかし、帰無仮説が棄却されない場合に、帰無仮説を立証したとまでは言えないことに注意が必要です。統計的検定は帰無仮説が棄却されることを想定した判定方法です。もし帰無仮説が受容されても、帰無仮説「母平均値は120ml」が正しいと強く言うことまではできず、帰無仮説が試行結果と矛盾しておらず、弱く肯定されるにすぎません。今回の事例で言うならば、埼玉工場については製品の規定量が守られていないと言えますが、千葉工場の場合には「製品の規定量が守られていると考えて大きな問題はない」ぐらいの表現ができるにとどまります。

　実は、研究者は統計的検定で帰無仮説が棄却されないと、研究結果として期待していたことが強く言えず、がっくりと肩を落としてしまうことが多いのです。

統計的検定で有意水準を5％にするのは、2つの過誤のバランスをとったから

ここまで、統計的検定の第2の手順で、有意水準を5％に設定しました。もし1％にしてもやはり帰無仮説を棄却できるとすれば、より強い主張ができるのではないでしょうか。つまり、有意水準は5％より1％の方が優れていると考えてよいのでしょうか。そもそも有意水準とは何を表しているのか、もう一度確認しましょう。

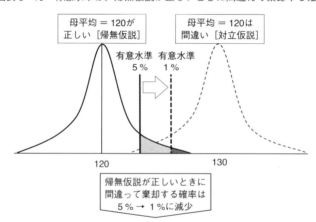

図表8-10 有意水準は、帰無仮説が正しいときに間違えて棄却する確率

図表8-10は、帰無仮説（母平均＝120ml）が正しいときの確率分布を左側の実線で示しています。一方、右側の点線は、対立仮説が正しい場合の確率分布です。有意水準5％の意味は、帰無仮説が正しいにもかかわらず棄却してしまう確率を5％にするということです。逆に言えば、帰無仮説を正しいと仮定しておいて、試行結果（例えば標本平均の実現値が130になる）が5％以下の確率の場合には、帰無仮説を棄却するということでした。

この状態で、有意水準を5％から1％に引き下げると、帰無仮説を前提として試行結果が1％以下の確率の場合に帰無仮説を棄却するのですから、より厳格な判断基準になります。さらに、帰無仮説が正しいにもかかわらず棄却して

第8章　薬品の含有量はきちんと守られているのか

しまうミス（これを「第1種の過誤」と呼びます）の確率が5％から1％に減少します。

図表8-11　第1種の過誤は「無実の罪」、第2種の過誤は「犯人を無罪」

		容疑者は無実（帰無仮説）	
		容疑者は無実	容疑者は犯人
		帰無仮説が正しい	帰無仮説が誤り
裁判判決 （検定結果）	無罪判決 （帰無仮説を棄却しない）	当たり	第2種の過誤 （犯人を無罪）
	有罪判決 （帰無仮説を棄却する）	第1種の過誤 （無実の罪）	当たり

　図表8-11に第1種の過誤を示しました。まず、縦の欄の左側が帰無仮説が正しい場合で、右側が帰無仮説が誤りの場合です。一方で横の欄は、上側が帰無仮説を棄却しない（受容する）場合で、下側は帰無仮説を棄却する場合です。縦の欄が左側（帰無仮説が正しい）で横の欄が上側（帰無仮説を棄却しない）と、縦の欄が右側（帰無仮説が誤り）で横の欄が下側（帰無仮説を棄却する）の場合は「正しい」ので問題がありません。

　しかし、第1種の過誤は、縦の欄が左側（帰無仮説が正しい）にもかかわらず、横の欄が下側（帰無仮説を棄却する）なので、正しい帰無仮説を棄却することになり間違いです。例えば、裁判で被告が無罪という仮説が正しいにもかかわらず無罪の訴えを棄却する（無実の罪）という間違えと同じです。このように有意水準とは、「第1種の過誤」の確率を定めたものなのです。

　第1があれば第2があるはずだと予想されます。図表8-11の縦の欄が右側（帰無仮説が誤り）で、横の欄が上側（帰無仮説を棄却しない）の場合を「第2種の過誤」と呼びます。帰無仮説「容疑者は無実」という主張が間違っていて実は犯人である場合に、裁判所が無実の訴えを受け入れてしまう（犯人を無罪にする）という間違いです。この第1種の過誤と第2種の過誤の間には、一方の判断基準を厳格にして判断ミスを減らそうとすると、もう一方の判断ミスが増加してしまうというトレードオフの関係があります。つまり、無実の罪（第1種の過誤）を減らすために裁判所が有罪判決に慎重になりすぎると、犯

127

人を無罪とする可能性（第2種の過誤）が増えてしまいます。

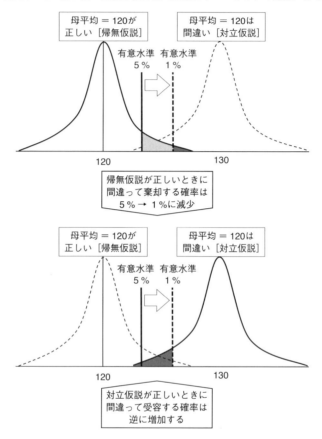

図表 8 - 12　第 1 種の過誤と第 2 種の過誤はトレードオフの関係にある

　図表 8 - 12 の上の図は、図表 8 - 10 と同じ図で、第 1 種の過誤を 5 ％から 1 ％に小さくした場合です。その図の下で、5 ％から 1 ％への変更が第 2 種の過誤に与える影響を示しました。下の図では帰無仮説が間違いで、右側の確率分布が正しいので対立仮説の確率分布を点線から実線に変えてあります。有意水準 5 ％の状態では、帰無仮説を間違って棄却しない（受容する）確率（有意水準 5 ％の左側の面積）は非常に小さいのですが、有意水準が 1 ％になると、帰無仮説が間違っているにもかかわらず棄却しない確率（グレーの部分の面積）

が大きくなってしまいます。

　このように、第1種の過誤と第2種の過誤には、「あちらを立てればこちらが立たず」というトレードオフの関係があります。このため、第1種の過誤である有意水準を小さくすればするほどよいというわけではないのです。

第9章 健康食品で血圧は下がるのか
（2つの母平均の差の検定）

補足資料

● 第 9 章の内容を解説した YouTube 動画

https://youtu.be/vGAm4GOUPjc

● YouTube 動画で使用したパワーポイント

https://docs.google.com/presentation/d/1ndAaWRj06wrH5pKPJYrk7-MhFPo-mANI/edit?usp=drive_link&ouid=117163987926518861961&rtpof=true&sd=true

● 第 9 章の演習用エクセルファイル

https://drive.google.com/file/d/1hLg6OpQF-hztY8vJGr4iqPPgoBbiUQE8/view?usp=sharing

高血圧を健康食品で改善することは可能なのか

　健康食品は食べるだけで健康になれると言われていることから、大変人気だそうです。しかし、本当に宣伝されているような効果があるのでしょうか。これまでに、統計的検定の概念を理解しましたから、さっそく利用してみましょう。

　あなたのご家族（例えば、お父さん）が高血圧で悩んでいるとしましょう。ある健康食品を買うときに、実際に血圧が下がっているかを知りたいとします。このときに、ある人が試したら血圧が下がったという体験談はあまりあてになりません。たくさんの人で試してみて、データを分析した結果から効果があったことを確認したいですね。

　健康食品のラベルを見ると、「健康食品を食べたグループの25人は、血圧の平均値が98mmHg（mmHgは血圧の測定単位です）に下がりました。食べていないグループの25人の平均値である102mmHgに比べて、4mmHgも下がっていることが確認されています」と表示されています。これを確認したあなたは、お父さんに毎日この健康食品を食べるように勧めました。しかし、これはたまたま健康食品を食べた人の血圧が低めに出た（つまり偶然）にすぎないから、食べても無駄だと、お父さんが言い出しました。

図表9-1　「2つの母平均の差の検定」の概念図

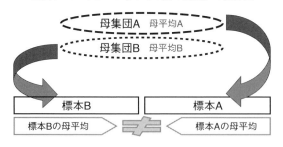

第9章　健康食品で血圧は下がるのか

▮▮▮ 「2つの母平均の差の検定」で 本当に差があるのかを確認しよう

　どうやらデータで示されても簡単には信用できないようです。では、偶然生じた差ではないことを統計的検定で確認してはどうでしょうか。残念ながら、すでに理解した「母平均の検定」では2つのグループに差があるかは確認できません。

　こんなときに便利なのが、「2つの母平均の差の検定」（図表9-1）です。この検定では、母集団を2つ考えます。例えば、「健康食品を食べた母集団A」と「健康食品を食べていない母集団B」です。この2つの母集団の平均値に偶然では説明できない差があるかどうかを統計的検定で確認するのが、「2つの母平均の差の検定」です。

　多くの医学的研究を含めて、統計的検定で最もよく使われるのが、「2つの母平均の差の検定」です。例えば、「新しい薬は従来使用していた薬に比して効果が高いのか」や「新しい制度を導入した地域は、導入しなかった地域に比して経済がよくなったのか」などにも利用できます。また、大学教育においても、「大学を卒業した人は、卒業しなかった人に比べて賃金が高くなったか」の確認にも使えます。とても便利な検定なのです。

▮▮▮ 2つの標本はもともと同じような集団（同質的） かどうかを確かめる

　2つの母集団の平均値を比較する際に、そこから抽出された2つの標本（この場合は、25人ずつの2つのグループ）が無作為に抽出されているかどうかが重要です。母平均の検定のときには、標本は母集団からランダム抽出されていました。今回の2つの標本Aおよび標本Bがそれぞれの母集団（AとB）からランダムに抽出されていれば、標本は母集団のミニチュアになっていると考えて問題ありません。

　では、問題があるのはどのような場合でしょうか。例えば、健康食品を食べる標本Aをスポーツジムで募集したとしましょう（つまり運動習慣がある）。

133

もう1つの標本Bはそうでない場合（ここでは運動習慣がない場合）には、健康食品に血圧を下げる効果がなくても、運動を行うことにより血圧が下がったのかもしれません。つまり、標本を「うまく（ずるく）」選べば、意図的に観察する効果を操作できる可能性が高いのです。

したがって、標本が母集団からランダムに抽出されているという点は、非常に大きな意味を持っています。検定を行う際にはルールとして、標本を無作為に選ぶということを決めておけば、有利な特性を持つ人を片方の標本に集めることは困難です。このように、2つのグループをランダム抽出してから比較する研究手法を「ランダム化比較試験（Randomized Controlled Trial、略称はRCT）」と呼んでいます。

図表9-2　ランダム化比較試験の研究デザイン

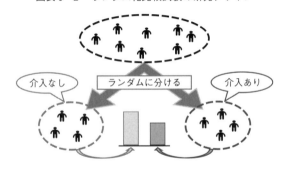

図表9-2にその研究デザインを示しました。同じ集団からランダムに、介入ありの（例えば健康食品を食べる）グループ（右側の丸）と、介入なしのグループ（左側の丸）に割り振ります。この2群は同じ性質と言えますから、比較した結果に差があれば（例えば血圧が低い）、介入の有無だけに影響されていると考えられます。このRCTは最も信頼性の高い研究手法として、医学分野で古くから使われてきた研究手法です。近年では経済学分野（特に開発経済学や行動経済学）でも積極的に利用されており、従来の知見を覆すような画期的な研究成果をもたらしています。

図表9-3に、健康食品に関するRCTの結果を示しました。このデータを使って「2つの母平均の差の検定」を手順に従って行っていきましょう。

第9章 健康食品で血圧は下がるのか

図表9-3 健康食品のRCTの結果

	標本 A（介入なし） （健康食品を食べない）	標本 B（介入あり） （健康食品を食べた）
血圧の平均値	102mmHg	98mmHg
血圧の不偏分散	36	64
参加人数 （標本サイズ）	25人	25人

2つの母平均の差の検定の帰無仮説は「2つの母平均は等しい」

　検定の第1の手順は、帰無仮説と対立仮説の設定です。今回は、介入ありグループに健康食品による血圧の改善効果があるかを確認したいので、帰無仮説は「2つの母集団の平均値に差がない」としましょう。本当に確認したいのは、対立仮説の「2つの母集団の平均値に差がある」ですね（図表9-4）。

　手元にある標本の平均値（標本平均）は、98mmHgと102mmHgですから、4mmHgの差が観察されています。この差が標本抽出で生じたランダム誤差かどうかを確認します。もし、ランダム誤差であれば、血圧の低下は偶然生じた違いですから、介入してもしなくても血圧は影響を受けない（効果がない）ということになります。

図表9-4 2つの母平均の差の検定の帰無仮説と対立仮説

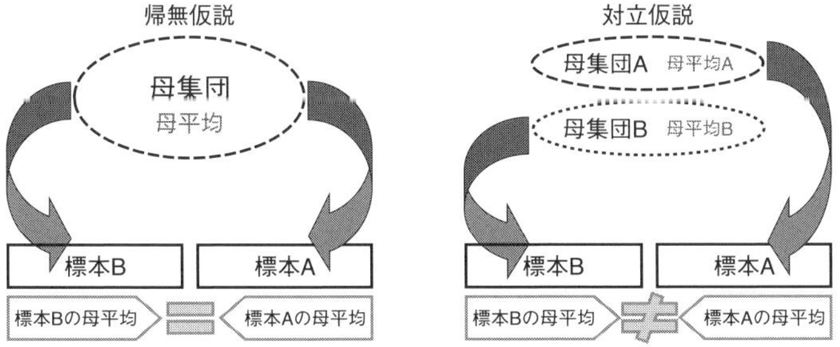

2つの標本平均値の違いが大きいほど、母平均が等しい可能性は低い

第2の手順で、有意水準を5％に設定します。第3の手順で、検定の種類に合わせた検定統計量を選択します。これまで、母平均の検定ではZスコア（確率分布は標準正規分布）を選択しましたが、今回も利用できるでしょうか。

図表9-5　2つの標本平均値の差が大きい場合と小さい場合の比較

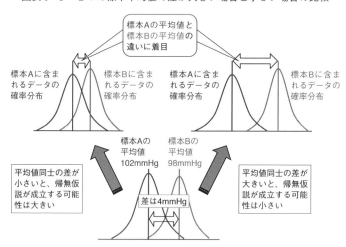

ここで、今回の「2つの母平均の差の検定」の仕組みと、その検定統計量がどのように導出されているのかを見てみましょう。図表9-5は、帰無仮説「2つの母集団の平均値は等しい」を前提としています。また、単純化のために、2つの母集団の分散も等しいとしておきましょう。母集団の平均値が等しいと考えると、そこから抽出された標本の平均値も近い値になると予想できます。このように、2つの標本平均値の差が小さければ小さいほど、帰無仮説が成立する可能性は高くなります。逆にその差が大きければ大きいほど、帰無仮説が成立する可能性は小さくなります（図表9-5の下側）。では、今回のRCTの結果として示された2つの標本平均の差が4mmHgとなる確率は、帰無仮説を前提とした場合にどのぐらいでしょうか。この確率を知るには、2つの標本平均の「差」がどのような確率分布を描くのかを考える必要があります。

2つの標本平均の確率分布の「差」の確率分布が知りたい

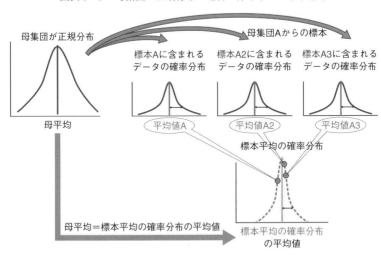

図表9-6　母集団が正規分布の場合の標本平均の確率分布

　図表9-6は、母集団が正規分布する場合の標本平均の確率分布を示しています。まず、血圧は一般的に正規分布することが知られています。したがって、今回も母集団の確率分布は正規分布すると考えてよいでしょう。次に、正規分布から無作為抽出した標本に含まれるデータも正規分布します。このため、同じ母集団Aからランダムに抽出した標本A、標本A2、標本A3に含まれるデータは全て正規分布すると考えます（標本A、標本A2、標本A3の標本サイズは同じとします）。次に、これらの標本平均値をたくさん集めると、標本平均の確率分布が得られます。この標本平均の確率分布も正規分布し、その中心である標本平均の確率分布の平均値（平均の平均）は、母平均と等しくなることが知られています。

　さらに話を進めます。この標本平均の確率分布を、母集団Aと母集団Bについて2つ作り、その確率分布の「差」を取った確率分布を示したのが図表9-7です。

図表9-7 2つの標本平均の確率分布の差を取った確率分布

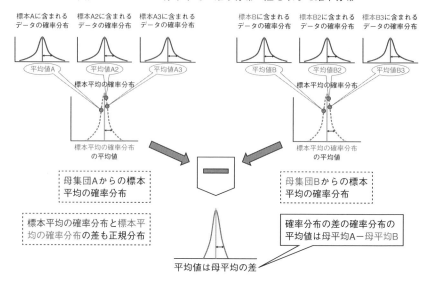

　図表9-7では、図表9-6で示した標本A、標本A2、標本A3から作った標本平均の確率分布に加えて、母集団Bから無作為抽出した標本B、標本B2、標本B3から作った標本平均の確率分布が示されています。このときも、母集団Bの平均値と標本平均の確率分布の平均値は一致します。そして、この2つの標本平均の分布からランダムに2つのデータを取り出してその差を計算するということを繰り返すと、2つの標本平均の差の分布を得ることができます。そして、この差の分布も正規分布し、その確率分布の平均値は、2つの母平均値の差になります。帰無仮説を前提とすると、2つの母平均（母集団Aの平均値と母集団Bの平均値）は等しいので、その差は0になり、差の確率分布の平均値も0になるはずです。

2つの標本平均の確率分布の「差」の確率分布の分散が知りたい

　かなり時間がかかりましたが、目標となる2つの標本平均の確率分布の差の分布までたどり着くことができました。図表9-5で見た4mmHgの差が生じ

図表9-8-A　標本平均の確率分布の分散は、母分散を標本サイズで割ったもの

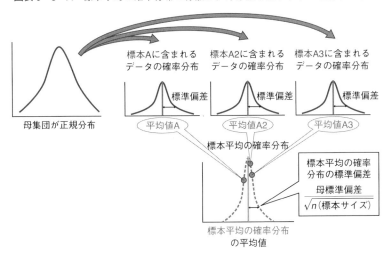

る確率は、この差の確率分布（帰無仮説のもとでは平均値が0）において、差が4mmHgより大きくなる確率（正規分布の面積）がわかればよいということになります。差の分布が正規分布であれば、第4章で使ったZスコアが使えます（これは、ある正規分布を平均値0で標準偏差1の標準正規分布に変形することと同じです）。Zスコアを計算するには、ある確率分布の平均値と標準偏差が必要になります。差の確率分布では、標準偏差はどのように計算すればよいでしょうか。混乱しないように、「母集団の分散」、「標本平均の分布の分散」、「標本平均の差の分布の分散」のように、3つのステップで順番に見て行きましょう。

　図表9-8-Aには、母集団の分散がわかっている場合に、標本平均の確率分布の分散がどうなるかを示しています。第6章で信頼区間を計算する際に示した通り（90ページの図表6-10）、母分散の数値を標本サイズで割った値が標本平均の確率分布の分散になります。標準偏差の場合には、それぞれ分母と分子をルートの記号で囲ったもの（つまり0.5乗したもの）になります。

　しかし、今回も含めて多くの場合に、母集団の標準偏差は不明の場合が多いですから、96ページの図表6-16で見たように、代用品として標本のデータから得られる不偏分散（あるいはその値を0.5乗した標本〔不偏〕標準偏差）を

利用します。

図表9-8-B　標本平均の確率分布の分散がわかれば、その差の確率分布の分散もわかる

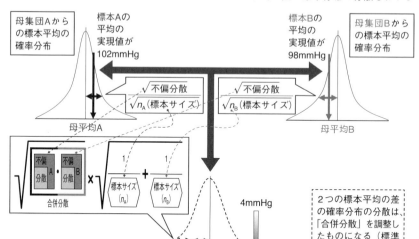

　図表9-8-Bには、2つの標本Aおよび標本Bのそれぞれの平均の確率分布の分散（および標準偏差）を示しています。今回は母分散が未知のため、代わりにそれぞれの不偏分散を代入しています。標準偏差の場合には、図表9-8-Aの場合と同様に、それぞれ分母と分子をルートの記号で囲ったもの（つまり0.5乗したもの）になります。

　では、「差」の確率分布の分散（および標準偏差）はどう計算するのでしょうか。図表9-8-Bの下の部分に示したように、差の確率分布の分散の計算には、2つの標本平均の確率分布の不偏分散を、標本サイズに応じて案分して合計した「合併分散」[注]が必要になります。今回は標本Aと標本Bの標本サイズが等しいため、それぞれの不偏分散の値を半分にして足した数値になります。また、標本平均の確率分布の分散は母分散に比して小さくなる傾向（図表

　注）正確には、標本サイズから1を引いた自由度で調整します。具体的な計算式は図表9-16に示します。

9-8-B）を調整するため、標本サイズを用いた係数を後ろから掛けることで、差の確率分布の分散を求めることができます。健康食品のRCTの結果（図表9-3）を見ると、標本Aの不偏分散は36、標本Bの不偏分散は64ですので、それぞれの標本サイズ25を用いて計算すると、差の確率分布の分散は「4」で、その標準偏差は「2」になります。

長い道のりでしたが、差の確率分布の「平均値」と「標準偏差」が判明しましたので、正規分布と仮定して、Zスコアを使ってみましょう。

差の確率分布の平均値と標準偏差から、4mmHgのZスコアを計算する

図表9-9は、60ページから62ページにある図表4-15および図表4-16でのZスコアの算出方法を、平均値0で標準偏差2の差の確率分布に当てはめたものです。第1の手順は、平均値が0になるように平行移動させます。今回はす

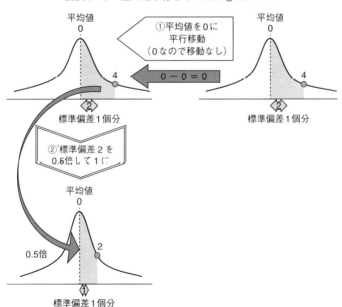

図表9-9　差の確率分布で4mmHgのZスコア

でに平均値は0ですので、形式的に0から0を引いています。第2の手順は、標準偏差を1に揃えます。具体的には、差の確率分布の標準偏差2を2で割ると1になります。このとき、4mmHgも2で割るとZスコアは2になります。

ここで、帰無仮説を前提とすると、差の確率分布において4mmHg以上の差が生じる確率が5％以下になるのは、Zスコアの場合は1.96以上（あるいは−1.96以下）の場合でした。算出したZスコアが2ですから、今回は帰無仮説を棄却することができるでしょうか。実は、今回の検定でZスコアが使えるかについては、2つの標本の標本サイズが小さいことに注意する必要があります。

▮▮▮ 標本サイズが小さいと、検定統計量は正規分布ではなくt分布になる

ここで、これまで「母平均の検定」を行う際にしばしば登場した言葉を思い出してください。その言葉とは、「標本サイズが十分に大きいとすれば」という呪文のようなものです。この標本サイズが十分大きいという条件は、一般的に標本サイズ（n）が30より大きい場合を指します。

実は、標本サイズが十分に大きくないことと、母分散の代わりに標本の不偏分散を利用するという2つの条件がそろうと、Zスコアを利用すると正確に確率を測定できません。今回もそうですが、多くの場合には母集団の分散は不明です。これまでは、母分散の代わりに標本から得られる不偏分散を代用品としてきました。母分散は確定値（1つの値に決まる数値）ですが、不偏分散（標本分散）は標本抽出の際に生じる標本変動の影響を受けるため、何度も試行を行えば標本平均と同じように確率分布が得られます。この不偏分散の確率分布は、一定の条件（母集団が正規分布している）を満たすと、「カイ二乗分布」というよく知られた確率分布になります（図表9-10）。

Z統計量（Zスコア）は、分子に標本平均（と定数である母平均の差）の確率分布（正規分布）を、分母に母分散（定数）を入れています。正規分布を定数で割っても正規分布ですから、Z統計量は正規分布します。

一方、母分散が未知の場合に不偏分散で代用すると、分母は定数ではなくカイ二乗分布します。t統計量では、分子が正規分布で、分母がカイ二乗分布に

図表 9-10 標本抽出を多数回行ったときの標本分散は、カイ二乗分布に従う

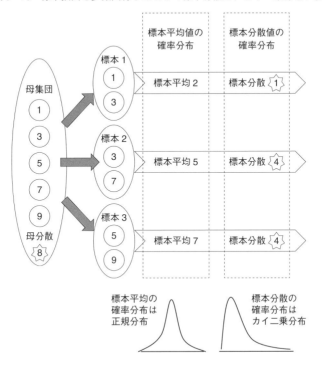

なるため、その統計量の分布は「t 分布」という定型的な確率分布になることがわかっています（図表 9-11）[注]。この t 分布を発見したのが、有名なウイリアム・ゴセットです。

t 分布は標本サイズが小さいと正規分布より裾野が大きくなる

図表 9-12 は、ウィリアム・ゴセット（1876〜1937）が t 分布を研究して発表した論文の表紙です。論文には本名を書くはずですが、「By STUDENT」と

注）正確には、分子が「標準」正規分布で、分母はカイ二乗分布を自由度で割ったものを 0.5 乗（$\sqrt{\ }$）したものになります。

図表 9-11　正規分布が分子、カイ二乗分布が分母の統計量は t 分布する

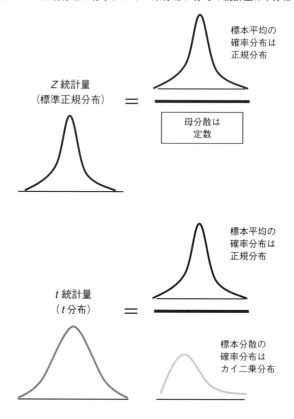

注）標本サイズが大きい場合には、t 分布は標準正規分布に近似する。

ペンネームになっています。実はゴセットは、真っ黒なビールで有名なギネス社の技術者で、当時ギネス社の社員が研究を公表することを禁じていたため、ペンネームを使ったと言われています。

　ゴセットは、母分散が未知の場合に不偏分散を使って推定すると、標本サイズが小さい場合には、Z スコアを使って棄却域を考えると、検定がうまくいかないことを指摘しました。

　図表 9-13 は、正規分布と実際の t 分布のズレを示しています。データの個数が少ない（標本サイズが小さい）と、データの個数が多い（標本サイズが大

図表9－12　謎の研究者ゴセット（ペンネームはstudent）の大発見論文

VOLUME VI　　MARCH, 1908　　No. 1

BIOMETRIKA.

THE PROBABLE ERROR OF A MEAN.

BY STUDENT.

Introduction.

ANY experiment may be regarded as forming an individual of a "population" of experiments which might be performed under the same conditions. A series of experiments is a sample drawn from this population.

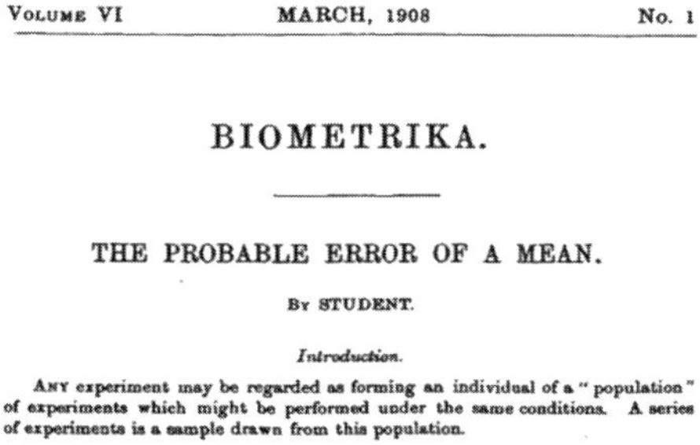

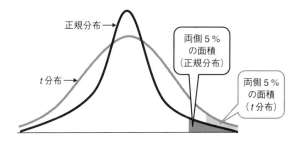

注）論文の題名は「平均値の誤差の確率分布（The Probable Error of A Mean）」。

図表9－13　t分布は正規分布より裾野が大きい（棄却域の数値が外側）

きい）ときと比べて、確率分布の裾野が大きくなります。正規分布は、平均値と標準偏差で分布の形状が全て決定しますから、おかしい現象です。しかも、分布の裾野が広くなると、グレーの棄却域が正規分布よりも外側になるので、正規分布を想定した棄却域の数値よりも大きな数値が、実際の棄却域になります。つまり、正規分布と同じ棄却域で検定を行うと、検定統計量が受容域にあるにもかかわらず誤って棄却してしまう「第１種の過誤（犯人でないのに無実の罪に問う）」を起こしてしまいます。

ゴセットはこのズレを計測して、異なる確率分布であることを明らかにしました。この新しい確率分布はゴセットのペンネームに因んで、「studentのt分布」と名付けられました。

t 分布は標本サイズ（自由度）が大きくなると標準正規分布になる

　正規分布は標本サイズにより影響を受けなかったので、実は便利だったのです。やっかいなことに、t 分布は標本サイズにより形状が変化します。より正確に表現すると、t 分布の場合には標本サイズから 1 を引いた「自由度 ($n-1$)」によって変化します。

図表 9-14　t 分布は標本サイズが大きくなると標準正規分布に近づく

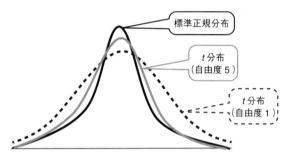

　図表 9-14 を見ると、t 分布が自由度（あるいは標本サイズ）の大きさにより、分布がどのように変化するかがわかります。標本サイズが 2 なら自由度は 1 （＝ 2-1）で、点線の曲線になります。標本サイズが 6 に増加すると自由度は 5 （＝ 6-1）になり、グレーの線の曲線になります。このように自由度が増加するほど、t 分布の裾野が小さくなっていくことがわかります。

　さらに、標本サイズが大きくなって30から100ぐらいまで増加すると、黒の線の正規分布とほぼ同じ形状になることがわかっています。数学的にも、自由度が無限大（∞）なら t 分布は標準正規分布と同じになることが証明されています。このため、これまでの母平均の検定では、母分散の代わりに不偏分散を利用した場合でも、標本サイズが十分に大きければ Z 統計量を使用してきました。

2つの母平均の差の検定では t 統計量を使う

これでやっと呪文の謎が解けましたね。母集団の分散が未知の場合には、標本の不偏分散で代用していましたから、これまで Z スコアで行っていた、母平均の検定②複雑なケースでは、t 分布を統計量の分布として考えるべきでした。しかし、t 分布は標本サイズが大きい場合には標準正規分布とほぼ同じになるので、便宜的に Z スコアで計算しても問題がなかったのです。そのため、「標本サイズが十分に大きい場合には」の条件を付けていたわけです。

図表9-15　2つの母平均の差の検定の t 統計量

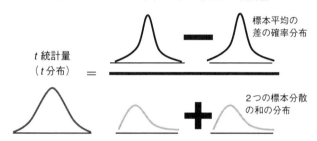

しかし、今回の2つの母平均の差の検定では、標本サイズが十分に大きいという条件を付けずに、2つの標本平均の確率分布の「差」の確率分布を、統計量の分子として利用します。この差の分布は「正規分布」（図表9-15右辺の分子）になり、2つの標本の不偏分散の和は「カイ二乗分布」（図表9-15右辺の分母）となりますから、検定統計量は「t 分布」（図表9-15の左辺）になります。

健康食品の効果を2つの母平均の差の検定で分析する

やっと、健康食品の事例に戻れます。2つの母平均の差の検定に使う検定統計量は、t 分布を前提とした t 統計量を使います。図表9-16に、2つの母平

均の差の検定の t 統計量を示しました。標本Aの平均値を標本平均値Aとし、その不偏分散を不偏分散A、標本サイズを n_A とします（標本Bも同様）。このとき、t 統計量は2つの標本平均値の差を分子に、2つの不偏分散を「標本サイズから1を引いた数値（自由度）」の比率で案分して合計した合併分散を0.5乗して標準偏差にしたもの」に「1を標本サイズで割った値の合計値」を掛けたものを分母とすれば算出できます。

図表9-16　2つの母平均の差の検定における t 統計量（計算式）

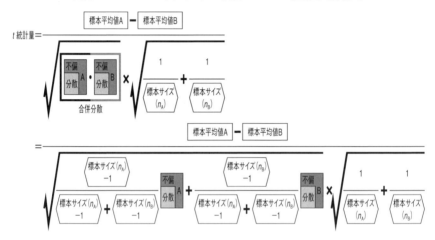

それでは、図表9-16の t 統計量に必要な数値を代入した図表9-17を見ていきましょう。ここからは、2つのグループ（標本）のうち健康食品を食べたグループを介入群、食べていないグループを対照群と呼びます（この呼び方はランダム化比較試験でよく使われます）。

まず、介入群の平均値 X_A は102mmHgで、不偏分散 S_A は36mmHg^2、標本サイズ n_A は25です。対照群の平均値 X_B は98mmHg、不偏分散 S_B は64mmHg^2、標本サイズ n_B は25です。t 統計量の分子は4（=102mmHg－98mmHg）です。分母は合併分散4の0.5乗より2となります。よって、分子/分母＝4÷2より、t 統計量は2となりました（図表9-17）。

図表9-17 2つの母平均の差の検定の t 統計量（健康食品のケース）

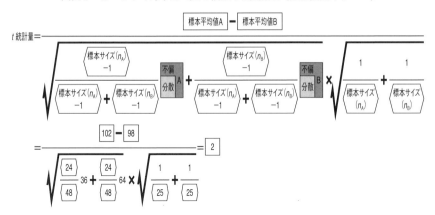

棄却域の境界値は1.96ではなく、t 分布の数値2.011を使う

　これまでは、棄却域の境界値といえば Z スコア（Z 統計量）±1.96でした。そのまま使ってよければ、検定統計量が2ですから、めでたく帰無仮説を棄却できます。しかし、今回の検定では検定統計量は標準正規分布（Z 統計量）ではなく、t 分布に従います。したがって、t 分布表から有意水準5％（両側検定なので両端の2.5％）の面積を示す横軸（t 値）を採用します（t 分布表は標準正規分布表と同様に、統計学の教科書に掲載されています）。

　ただし、t 分布では自由度によって確率分布の形状が異なります。t 分布表では、自由度と有意水準から棄却域の境界値を知ることができます。今回は、標本サイズが25で自由度が24の2つの標本を利用しますので、2つの自由度の合計値である48が自由度になります。このとき、t 分布表の棄却域の境界値は±2.011となります。t 統計量は2でしたから棄却域に入らず、受容域に入っています（図表9-18）。t 統計量のおかげで、帰無仮説を前提とした確率が5％より大きいのに、5％より小さいと誤って判断して帰無仮説を棄却する第1種の過誤（127ページの図表8-11）を避けることができました。

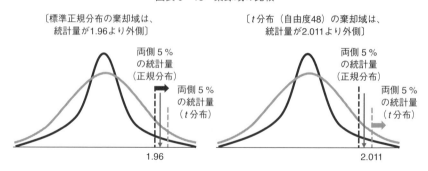

図表9-18 棄却域の比較

2つの母平均の差の検定の結果から何がわかるのか

2つの母平均の差の検定の結果、帰無仮説（2つの母平均は等しい）は棄却されず、2つのグループの血圧の違いは、標本抽出の際のランダム誤差にすぎないと考えられます。では、検定の結果から、2つのグループの血圧は等しいと結論付けることはできるのでしょうか。

統計的検定は、背理法を用いて、帰無仮説を棄却した際には2つの母平均に差がある（つまり、健康食品に効果がある）と主張できます。しかし、帰無仮説が棄却されない場合には、帰無仮説が正しい（つまり、健康食品に効果がない）ことの弱い根拠にしかなりません。つまり、統計的検定では帰無仮説が棄却されることが、強い主張をするための条件になります。

同じ平均値の差でも、標本サイズが大きくなれば帰無仮説を棄却できる

棄却域の境界値の本当に小さな差（1.96と2.011）に諦めがつかないあなたは、標本サイズを大きくして自由度を増やせば、検定統計量が2でも帰無仮説を棄却できるはずだと考えました。今回は自由度が48（棄却域になる t 値は2.011）でしたから、自由度を62（標本サイズでは32人の2グループ）にすれば、棄却域を示す t 値は1.999になります。

第9章　健康食品で血圧は下がるのか

図表9−19　標本サイズが大きくなれば、差が小さくても有意差ありに

有意水準	平均値A	平均値B	有意差の出る標本サイズ
5％	100	110.0	5
5％	100	105.0	25
5％	100	103.0	50
5％	100	102.0	100
5％	100	101.0	500
5％	100	100.5	3,000
5％	100	100.1	10,000

注）実際の検定では、標準偏差の数値により結果が異なる。

　では、標本サイズを大きくすれば、2つのグループの血圧の差が小さくても統計的検定で有意差が認められるのでしょうか。結論を言えばYESです。

　図表9−19は、有意水準を5％に固定した場合に、標本サイズ（データ数）により有意差が認められる観測値の差を示したものです。例えば、描本サイズが25の場合には平均値の差が5なければ有意差が認められません。しかし、標本サイズが64になれば、平均値の差が2.5で有意差が認められます。一気に標本サイズを1万まで増やせば、平均値の差がわずか0.1でも有意差が出てしまいます（実際には標準偏差の数値により検定結果は異なります）。

　したがって、統計的検定の役割は、標本変動によるランダム誤差を考慮して、2つの平均値の差を評価することです。標本サイズが大きいほど、標本平均の確率分布は狭くなり、その値の信頼性が高まります。

　図表9−20には、5つのボールの入った箱（母集団）からボールを取り出す試行（85ページの図表6−4）を標本サイズ（ボールの個数）を変えて行った場合の、標本平均の分布形状を示しています。図表9−20のA図では4つのボールを取り出したところ、標本平均値は4〜6の間に固まっています。B図では3つ、C図では2つと標本サイズを小さくしていくと、標本平均の分布の裾野が長くなっていくことがわかります。ちなみに、C図は標本サイズ2ですから、5つのボールが入った箱から2つのボールを取り出す試行（図表6−4）の試行結果（86ページの図表6−6）と同じです（横軸の目盛りを小さくしています）。

　このように、2つの平均値の差が小さくても、標本サイズが大きければ分布

151

図表9-20 標本サイズを2から4まで変更したときの、標本平均の確率分布の変化

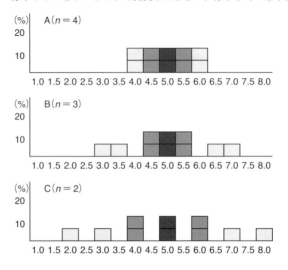

の裾野が小さくなるため、有意差が検出されるのです。逆に言えば、標本サイズを大きくしておけば、2つの平均値の差が現実にはほとんど意味のないものであっても、統計的に有意な結果が得られます。したがって、血圧を下げる効果が統計的検定で確認できても、実際に健康に良い影響があるのかどうかは、その差の大きさを医学的に検証する必要があります。

血圧が4mmHg下がることは、高血圧が治ると言えるほど高い効果なのか

「高血圧治療ガイドライン2019」によると、高血圧と診断されるのは130mmHg以上の場合で、正常血圧は120mmHg以下でした。もし、健康食品で高血圧を治せるとすれば、高血圧から正常血圧になる10mmHgぐらいの改善が望まれます（筆者は医師ではないので、自信はありませんが）。標本のデータを見ると、対照群と介入群の差は4mmHgですから、標本サイズを大きくすることにより有意差が確認できたとしても、大きな効果があるとは言えないでしょう。

同じ内容を大学教育のケースにあてはめてみると、大学を卒業することによ

第9章　健康食品で血圧は下がるのか

って、平均賃金に有意差が出たからと言って、その金額が月額で千円であれば、現実の生活にはほとんど意味のない賃金差だと考えられます。

このように、統計的検定を行った場合には、有意差が出たかどうかに加えて、その差が現実にどのような意味や効果があるのかを加えて考える必要があります。これを「統計的検定の結果の解釈」と呼びます。残念なことに、統計的検定の結果が出ると、多くの学生がそのまま「自分の意見は正しかった」と安心してしまい、差の大きさがどのような意味を持つのかの「結果の解釈」を忘れてしまいがちです。そんなときは、筆者は図表9-19を見せながら得意げに説明をはじめます（学生には不評ですが……）。

検定統計量は暗記するよりも、なぜ違うのかを理解する

これで、シンプルな統計的検定の「母平均の検定」と、よく利用する「2つの母平均の差の検定」を理解しました。特に検定統計量については、その検定の種類によって異なるため、図表9-21にまとめておきました。実際に検定を行う際には、統計ソフト（Micorsoft Excel や SPSS）に指示するだけですので、数式を暗記する必要はないと思います。むしろ、今後様々な検定を学習するうえで、どのような仕組みなのかを理解しておくことが重要です。

図表9-21の上段には、母分散と、母分散の推定量である不偏分散を計算する仕組みを示してあります。中段には、母平均の検定で母分散が既知の場合のZ統計量と、母分散が未知の場合のt統計量が示してあります。下段には、標本Aと標本Bの2つの母平均の差の検定におけるt統計量が示してあります。

母平均の検定では、試行で得られた標本平均値と母平均値の差を分子にして、母分散を標本サイズで割って調整した数値の0.5乗を分母として検定統計量を計算します。しかし、母分散が未知の場合には、代わりに標本の分散から計算できる不偏分散を利用します。これによって、母集団の分散がわからない場合であっても、母平均の検定をすることが可能になります。ただし、標本サイズが大きい場合には、t分布の裾野（棄却域）の面積は正規分布とほぼ同じになりますので、Z統計量の数値を利用する方が簡便です。

153

図表9-21　母平均の検定と2つの母平均の差の検定の、検定統計量の仕組み

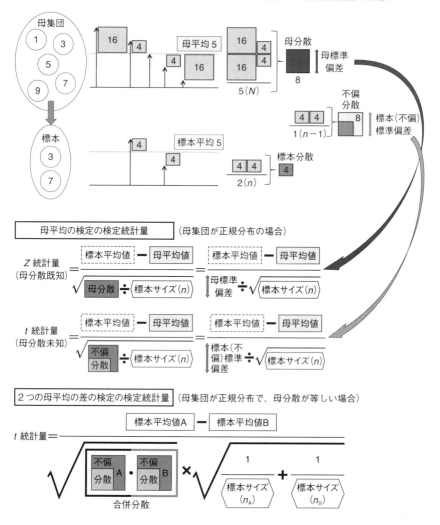

　次に、2つの母平均の差の検定における t 統計量では、試行で得られた標本平均値 A と標本平均値 B の差を分子とします。分母としては、合併分散を標本サイズで調整した数値にすれば、t 統計量が算出できます。

　どの検定統計量も Z 統計量（Z スコア）や t 統計量のように、基準化した確率分布に数値変換をして、面積（確率）を計算する方式をとっています。

第10章 チョコレートを食べると ノーベル賞が取れるのか（散布図と相関係数）

補足資料

● 第10章の内容を解説した YouTube 動画

https://youtu.be/VUej-2yaKc4

● YouTube 動画で使用したパワーポイント

https://drive.google.com/file/d/1InkpI4bXkTLt4hdwHz0u9WWTBXJZZXcq/view?usp=sharing

● 第10章の演習用エクセルファイル

https://drive.google.com/file/d/1IH9M5dvs596p69f1HhfSGbD4xi8v4RC-/view?usp=sharing

2つの変数の関係を調べたいときにどうするか

これまでに、平均値という1つの変数に関する統計分析を学習しました。次に、2つの変数の関係を調べる場合には、どのようなデータ分析手法があるのでしょうか。例えば、ある学生の勉強時間と学業成績の関係や、ある会社の広告費とその商品の売上高には、どのような関係があるのでしょうか。ここでは、1つの個人（学生）が、2つの変数（勉強時間と学業成績）の観測値（データ）を持っています。同様に、1つの組織（会社）が、2つの変数（広告費と売上高）の観測値（データ）を持っています。

難しい手法に頼る前に、まずはグラフ化して、直感的に理解する方法を取りましょう。最初に、2つの変数を縦軸と横軸にとって観測値を点で示す、「散布図」を作ってみましょう。

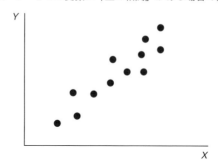

図表10-1　2つの変数に「正の相関」がある場合の散布図

散布図で2つの変数の関係の方向性（正・負・無）がわかる

2つの変数のうち、1つの変数を縦軸に、もう1つの変数を横軸にとって、それぞれの観測値を点として示すと、散布図ができます（実際にはエクセルなどで作成します）。この散布図では、2つの変数（例えば、勉強時間と学業成績）の間の「関係の方向（同じか逆か）」と、「関係の強さ」がわかります。さ

らに便利なことに、全体から見て飛び離れている観測値（外れ値）があれば、すぐに目につきます。さっそく散布図を見てみましょう。

　図表10-1は、横軸 X の変数（例えば、学生の1日当たり勉強時間）と、縦軸 Y の変数（例えば、1年間に取得した単位数）が同じ方向（正、またはプラス）の関係を持っていることを示しています。X が大きい（勉強時間が多い）学生ほど Y が大きい（取得した単位数が多い）ように見えます。このような関係を、「正の相関」があると呼びます。正の相関がある場合には、X が増加すると Y も増加、あるいは X が減少すると Y も減少します。

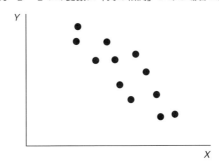

図表10-2　2つの変数に「負の相関」がある場合の散布図

　図表10-2は横軸 X の変数（例えば、学生の1日当たりのアルバイト時間）と縦軸 Y の変数（例えば、1年間に取得した単位数）の関係が逆の方向（負、またはマイナス）であることを示しています。X が大きい（バイト時間が多い）学生ほど Y が小さい（取得した単位数が少ない）ように見えます。このような関係を「負の相関」があると呼びます。負の相関がある場合には、X が増加すると Y が減少するか、X が減少すると Y が増加することになります。アルバイトでお金を稼ぐのはよい経験ではありますが、あまり時間を取られると単位数が減ってしまうのかもしれませんね。

　学生が卒業論文のために散布図を作成した場合に最も多いパターンが、2つの変数に関係が見られない場合です。図表10-3では横軸 X（例えば、大学入学時の学生の学力）が高くても低くても、縦軸 Y（例えば、大学卒業時の学生の学力）に一方向の関係は見られません。このような2つの変数の関係を

図表10−3　2つの変数が「無相関」である場合の散布図

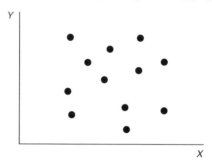

「無相関」と呼びます。大学入学後の4年間に多くの学生は大きく成長するとすれば、大学時代にどのように過ごしたかが卒業時の学力に強く影響を及ぼしているのかもしれませんね。

図表10−4　2つの変数の関係が強い場合と弱い場合の散布図

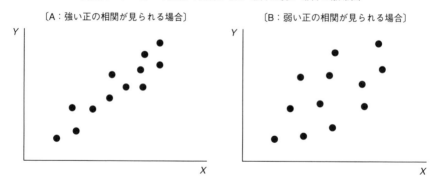

散布図で2つの変数の関係の強さが「ある程度」わかる

　散布図を見ることによって、横軸 X の変数と縦軸 Y の変数の連動が強い場合と弱い場合があることがわかります。図表10−4のA図は、横軸の X が増加すると縦軸 Y も同じように増加しています。このような関係を「強い（正の）相関」と呼びます。一方、B図の方で、横軸 X の変数の値が真ん中あた

りの観測値を見ると、縦軸 Y の数値は高かったり低かったりとバラバラです。一応、X と Y の間に正の方向の関係があるのがわかりますが、観測点はあまりまとまっておらず、太い棒状になっています。このような関係を、「弱い（正の）相関」と呼びます。

相関図からわかる２つの変数の関係は、関係の方向（正・負・無）と関係の強さ（強い・弱い）であることがわかりました。それでは、具体例を見ながら、何がわかるかを考えてみましょう。

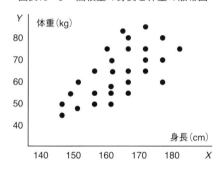

図表10-5 高校生の身長と体重の散布図

図表10-5は、ある高校に通う高校生の２つの変数（身長と体重）を散布図にしたものです。一人ひとりの高校生について、横軸 X には身長という変数の観測値が、縦軸 Y には体重という変数の観測値が入ります。きれいな傾向は見えませんが、身長が高いと体重が重い「正の相関」があるようです。しかし、身長が同じぐらいでも体重が重かったり軽かったりするように、観測点はばらついています。どうやら、この散布図では、身長と体重の間に「弱い正の相関」が見られるようです。高校生はまだ成長途中ですから、身長から伸びる人と体重から増える人がいるのかもしれませんね。

明治時代の政府支出の外れ値を発見せよ

散布図は、２つの変数の関係の方向や強さを発見できますが、データの大部

分が含まれる区間からかけ離れたところに位置するデータ（外れ値）を発見するのにも役立ちます。図表10-6は、明治時代の国民総生産額（いわゆるGNP）と政府支出額の関係を散布図にしたものです。ほとんどの観測年では、国民総生産額が6000億円で政府支出額は500億円ぐらいで、正の相関が見られます。しかし、丸で囲った部分には、国民総生産額は同じですが、政府支出額が3倍程度の1500億円になっている年が複数見られます。これは、2つの変数の関係で見ると他の年よりかなり飛び離れた「外れ値」ですね。

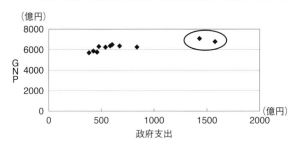

図表10-6　明治時代の国民総生産額と政府支出額の散布図（外れ値あり）

外れ値は原因を調べて削除するかを考える

データ分析の際に、この外れ値をどのように取り扱うべきでしょうか。一番簡単なのは何も考えずに、変な数値として分析から排除してしまうことです。しかし、外れ値も貴重なデータには変わりありません。まずは、なぜ外れ値になったのかの原因を突き止めましょう。外れ値が発生する原因として、実務上で最も多いのは何らかのミスです。例えば、パソコンへの入力ミスや単位の換算ミスで数値の桁が変わってしまうなどが考えられます。このような疑いがある場合には、手元のデータとデータ元（原典）の数値を突き合わせてみる必要があります。

そして、外れ値の数値をいろいろと確認したところ、やはり数値は間違っていなかったとしましょう。では、明治時代に政府支出が3倍に膨れ上がった原因は何でしょうか。日本史が得意な人はすぐにわかったかと思いますが、原因

は「戦争」です。日清戦争と日露戦争という２つの戦争が、政府支出を膨大に膨れ上がらせたのです。戦争とは何とお金のかかるものでしょうか。

　原因がわかったら、外れ値の取り扱いを研究の目的に照らして検討します。もし、分析の目的が、明治時代全体である必要があれば、外れ値であっても貴重なデータとして分析に含めるでしょう。一方で、分析上の想定が平和な時の経済活動を前提としている場合には、戦争時は特殊な時期であるため、分析から外した方がよいでしょう。外れ値も貴重なデータであることには変わりありませんから、よく考えて対処しましょう。

相関関係の強さを数値で表現できる相関係数

　散布図（グラフ）で、「強い」正の相関と「弱い」正の相関の違いを説明しましたが、散布図が強いような、弱いようなはっきりしない関係を示していた場合は、困ってしまいます。曖昧ではなく、相関の強さを数値で示せば便利ですね。それが「相関係数」です。

　相関係数は、－１から１の範囲で相関の強さを数値化したものです。相関係数がマイナスの場合には負の相関を示し、プラスの数値の場合には正の相関を示します。

図表10‐7　相関係数の数値と相関関係の表現

負の相関	相関の強さの判定	正の相関
－１～－0.7	強い相関がある	＋１～＋0.7
－0.7～－0.4	中程度の相関がある	＋0.7～＋0.4
－0.4～－0.2	弱い相関がある	＋0.4～＋0.2
－0.2～０	ほとんど相関がない	＋0.2～０

　では、どのくらいの数値があれば「強い」相関と判断するのでしょうか。一般的に利用されている相関係数の数値とその表現を、図表10‐7に示しました。例えば、正の相関であれば、相関係数が0.7よりも大きい必要があります。逆

に、負の相関で中程度の相関があるというためには、相関係数の数値が−0.4から−0.7の間にあることが必要です。相関係数の数値が0でなくても、0.2以下（あるいは−0.2以上）の場合には、「ほとんど相関がない」と表現します。

インターゼミナールなどで学生が相関係数を算出し、0.6なのに「強い正の相関」が認められましたと発言すると、必ず会場から「0.7以上でなければ強い相関とは言えないのではないか」との指摘が入ります。図表10-7を忘れてしまうと、質問の意味が理解できず、発表の途中で立ち往生してしまいます。

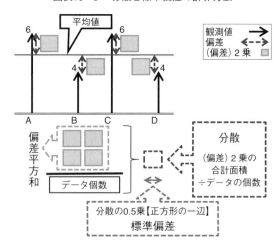

図表10-8　分散と標準偏差の計算方法

相関係数は2変数の共分散を標準偏差の積で割って算出

① X と Y の標準偏差（s_X と s_Y）を計算する

相関係数は、相関関係を数値化するという点で非常に便利ですが、どのように算出するのかを知っておかないと正しく使えません。相関係数は、①2つの変数の標準偏差を計算し、②2つの変数の共分散を計算し、③その共分散を2変数の標準偏差の積で割る、という3つの手順で算出します（実際にはエクセル等で簡単に算出できます）。

図表10-8には、標準偏差の計算方法を示しています。標本がAからDまでの4つであった場合に、標本平均値と個別の観測値の差を「偏差」と呼びます。この4つの偏差をそれぞれ2乗(偏差×偏差)して合計すると、「偏差平方和」が算出できます。標本の分散は偏差平方和をデータの個数(4)で割ったものです。この分散を0.5乗(分散を正方形とするとその1辺の長さ)したものが、標準偏差でした。この標準偏差を2つの変数(XとY)について算出しておきます。

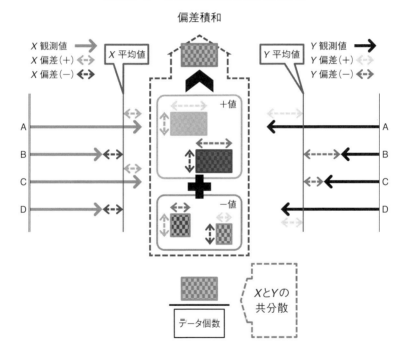

図表10-9　2つの変数の共分散の計算方法

② XとYの「共分散」s_{XY}を計算する

次に、2つの変数の共通の分散(略して「共分散」)を算出します。AからDのそれぞれの標本には2つの変数(XとY)の観測値があります(図表10-9)。標本Aについて変数Xの偏差と変数Yの偏差を掛け合わせます。分散の計算方法と違うのは、標本Aについて1つの変数Xの偏差を2乗(Xの偏

差×Xの偏差）するのではなく、標本Aの変数Xの偏差と変数Yの偏差の積（Xの偏差×Yの偏差）を算出することです。分散のときは正方形でしたが、共分散のときは長方形になっているのはそのためです。しかも、標本Cの場合には、Xの偏差はプラスの値ですがYの偏差はマイナスの値なので、積はマイナスの値になります（標本Dもマイナス）。分散のときのように偏差を2乗して、全ての積をプラスの値にしていません。

この偏差の積を標本Aから標本Dまでで合計したのが「偏差積和」です。合計するのですが、標本Aと標本BのXの偏差とYの偏差の積はプラスの値ですが、標本Cと標本DのXの偏差とYの偏差の積はマイナスの値です。このため、偏差積和はプラスの値とマイナスの値の合計になります。この偏差積和をデータの個数（4）で割ったものが、XとYの共分散です。

ここまでの計算を振り返ると、なぜ相関係数がプラスの場合は正の相関を、マイナスの場合には負の相関を示すのかがわかってきます。

図表10-10　散布図の位置によるXの偏差とYの偏差の積の符号の違い

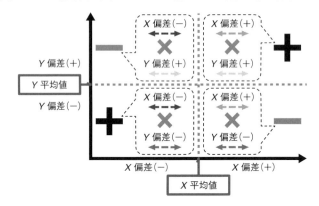

図表10-10は、変数Xと変数Yの散布図に、変数Xの平均値と変数Yの平均値を点線で記入して4つのブロック（領域）に分けています。散布図で見たように、正の相関の場合には右上（Xの偏差〔＋〕とYの偏差〔＋〕の積）と、左下（Xの偏差〔－〕とYの偏差〔－〕の積）の領域に観測点が多く位置するはずです。2つの領域の積はプラスの値ですから、この領域に観測点が

多ければ偏差積和はプラスの値になると予想できます。逆に、負の相関の場合には、左上（Xの偏差〔－〕とYの偏差〔＋〕の積）と、右下（Xの偏差〔＋〕とYの偏差〔－〕の積）の領域に観測点が多くあるはずです。したがって、2つの領域の積はマイナスの値になりますから、これらの領域に観測点が多いと、偏差積和もマイナスになる可能性が高いですね。

このように共分散は、数値の符号で相関の方向を、その数値の大きさで一方向への相関の強さを表すことができます。

③ **共分散 s_{XY} を X の標準偏差 s_X と Y の標準偏差 s_Y の積で割ると相関係数**

第3に、共分散を分子に、Xの標準偏差とYの標準偏差の積を分母にして計算すると相関係数が算出できます（図表10-11）。標準偏差はバラツキを示す散布度の1つでした。分母は変数Xと変数Yの偏差でみたバラツキの全体を示します。分子は、偏差積和の計算方法で見たように、変数Xと変数Yの同じ方向への連動の強さを示します。

図表10-11 「共分散」を「XとYの標準偏差の積」で割ると相関係数

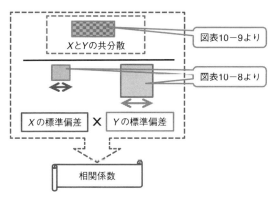

相関係数を利用するときの4つの注意点

① 2つの変数の関係は直線の場合しか反映できない

　データ分析の現場では、散布図と相関係数を組み合わせることにより、シンプルで直感的に2つの変数の関係を見ることができます。プロの研究者でも、データを最初に吟味するときにこの2つの分析方法を用いています。しかし、道具は何でも良い点と悪い点があります。相関係数を利用するうえでも、以下の3つの点に注意する必要があります。

　第1に、相関係数は2つの変数の直線的な関係を把握するものです。したがって、2つの変数が曲線の関係にあるときには、関係が強くても数値でうまく表すことができません。

図表10 - 12　2つの変数に、直線ではなく曲線の関係がある場合の散布図

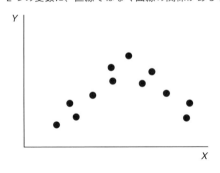

　図表10 - 12は、XとYの2つの変数の間に曲線の関係がある場合の散布図を示しています。この散布図では、最初はXが増加するにつれてYも増加していますが、ちょうど真ん中あたりからXが増加するとYは反対に減少する関係になっています。このような関係は、2つの変数が連動しているという意味では強い関係が見られますが、相関係数を算出すると低い値しか出ません。これは、散布図の右下の領域のXの偏差とYの偏差の積の値がマイナス値で、左下の領域の偏差の積の値がプラス値なので、偏差積和が小さい値になるためです。このようなケースは、散布図で2つの変数の関係をグラフ化してか

ら、相関係数を算出すると問題を避けることができます。

② **外れ値があると、相関係数が大きく影響を受ける**
　2つ目の点は、外れ値があると相関係数の数値が大きな影響を受けるという点です。図表10‐13では、全体として強い相関が見られるのですが、「外れ値」が1つあります。

図表10‐13　外れ値があると相関係数が大きな影響を受ける

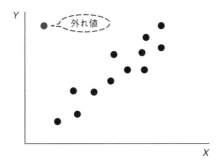

　散布図からは、相関係数が0.8程度の強い相関が期待されるところです。ところが、左上の領域に外れ値があるため、偏差の積はマイナスになるうえ、平均値からの偏差も大きくなる場合が多いので、偏差積和や共分散が大きく影響を受けてしまいます。図表10‐13の場合には、相関係数が0.6程度になってしまいます。
　このケースでも、最初に散布図を見てから相関係数を算出すれば、問題を避けることができます。ただし、外れ値は安易に削除するのではなく、その原因や分析目的との関係を考えたうえで、対処方法を考えることを忘れないでください。

③ **本当は関係がないのに、相関があるように見える場合がある（疑似相関）**
　2つの変数が相関していなくても、何らかの理由で相関があるように見える場合があります。例えば、変数Xをチョコレートの消費量（1人当たり）とし、変数Yをノーベル賞の受賞者数（人口1000万人当たり）として散布図を

描いたのが、図表10‒14です。

図表10‒14　チョコレートをたくさん食べるとノーベル賞が取れるか？

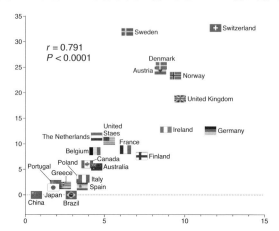

注）縦軸は人口1000万人当たりのノーベル賞受賞者数、横軸は1人当たりのチョコレート年間消費量（kg）。
出所）Messerli, F. H.（2012）"Chocolate Consumption, Cognitive Function, and Nobel Laureates," *New England Journal of Medicine*, 367：1562-1564.

　図表10‒14を見ると、チョコレートの消費量とノーベル賞の受賞者数には、「正の相関」があるように見えます。ひょっとして、チョコレートには何か頭が良くなる成分が含まれているのでしょうか。この謎解きは、図表10‒15のように整理されます。

図表10‒15　疑似相関を生む第3の変数 Z（交絡因子）

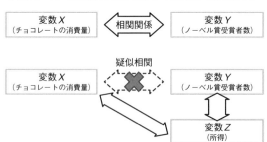

第10章　チョコレートを食べるとノーベル賞が取れるのか

　2つの変数 X と Y の相関は、散布図や相関係数で表されます。しかし、2つの変数が直接は関係していなくても、第3の変数 Z が存在し、変数 Z が変数 X や変数 Y と相関していると、あたかも変数 X と変数 Y の間に関係があるように見えてしまいます。

　図表10 - 15のケースでは、第3の変数 Z は「所得」であると考えられます。まず、所得が高い国では高度な教育が受けられますから、ノーベル賞の受賞者が増えるでしょう（変数 Z と変数 Y の相関）。また、所得が高い国ではぜいたく品のチョコレートをたくさん食べることができます（変数 Z と変数 X の相関）。図表10 - 15では、変数 X と変数 Y が相関しているように見えますが、実はこの2つの変数はお互いに無関係なのです。このような関係を「見せかけの相関（疑似相関）」と言い、このやっかいな第3の変数 Z を交絡因子と呼びます。

　最近はパソコンやスマートフォンで散布図や相関係数を簡単に作成できます。現実の状況や変数の特性を調べないでむやみに多くの変数を分析すると、しばしば疑似相関に陥ります。対策としては、変数の特性をよく調べたり、医学知識や経済理論から見ておかしな点がないかを確認したりする必要があります。

④　相関関係をあたかも因果関係があるように誤解する

　最後の4点目は、多くの新聞やテレビが知らずに行っている勘違いです。散布図や相関係数は、2つの変数がどのくらい連動しているかという「相関関係」を知るための道具であり、1つの変数が原因でもう1つの変数が結果を示しているという「因果関係」を知ることはできません。

　図表10 - 16は、横軸が高等教育への公的支出（主に税金）の金額を、縦軸が労働生産性を示しています。一般的に先進国と呼ばれている国のデータを散布図に示すと、「正の相関」が見られます。この散布図から、高等教育機関（大学）への税金の投入額を増額すれば、労働生産性が上昇すると考えることは、大学教員にとっては魅力的な解釈です。しかし、図表10 - 17に示したように、散布図では双方向の相関関係を見ることはできますが、変数 X（高等教育機関への公的支出）が原因で変数 Y（労働生産性）が結果という、一方向の因

169

図表10-16 高等教育機関への支出は労働生産性を高めるか

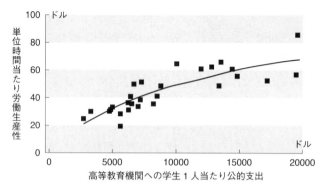

出所)『日本経済新聞』2017年1月9日付朝刊。図の原典は、村田治(2016)「高等教育機関への政府支出と労働生産性」『経済学論究』70(3)：61-78頁の図4。

果関係を必ずしも意味しません。したがって、この散布図だけでは、大学への公的支出が多いから（原因）、労働生産性が高い（結果）という因果関係は主張できません（図表10-16の新聞記事にも明記されています）。

図表10-17 散布図は相関関係を示すが、因果関係までは示さない

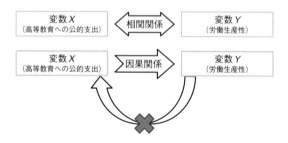

逆に考えて、そもそも労働生産性が高い豊かな国だから、政府が高等教育に多くの税金を投入できると考えるべきかもしれません。少なくとも、相関関係（2つの変数が連動する）と因果関係（1つの変数は原因で、もう1つの変数はその結果）は分けて考えるべきです。しかし、統計学の知識がない人は、この2つを厳密に分けて考えることができず、散布図を見て因果関係を想起してしまうのです（図表10-17）。さらにたちの悪いことに、この2つの違いを知

第10章　チョコレートを食べるとノーベル賞が取れるのか

っていながら、テレビなどであたかも因果関係があるかのように説明してしま
う人もいるので要注意です。因果関係を主張するためには、相関関係より複雑
な分析が必要で、次章の回帰分析がよく利用されます。

第11章 広告費を増額すると売上高はどうなるか（単回帰分析）

補足資料

● 第11章の内容を解説した YouTube 動画

https://youtu.be/G1JiijC8WC0

● YouTube 動画で使用したパワーポイント

https://drive.google.com/file/d/1bh8ZUNbtJ-DI3dL-DwqgPO7w9eJJ__MI/view?usp=sharing

● 第11章の演習用エクセルファイル

https://drive.google.com/file/d/1-Y-Zst4SYxjMiRFMX8eh9B3Ka-cyFGtt/view?usp=sharing

双方向の相関係数、一方通行の回帰分析

　前章では、相関係数によって2つの変数の双方向の影響度を見ることができる点を理解しました。しかし、すでにある変数Xが原因で、もう1つの変数Yがその結果であることがわかっている場合には、変数Xが変数Yにどのぐらい強く影響を及ぼしているか、一方向への影響度を知りたい場合があります。

　例えば、ある商品の売上高が、広告の多さによって大きな影響を受けていると先験的にわかっているとしましょう。皆さんはあまりテレビを見ないかもしれませんが、テレビではビールや化粧品に健康食品など、特定の商品についてのCMがよく流れています。多くの企業では、先に広告費の予算を決定してから、広告を実施し、その年（会計年度）の終わりに商品ごとの売上高が集計されます。したがって、広告費（変数X）と売上高（変数Y）の関係は、$X \rightarrow Y$のように一方方向の関係と考えられます。

　では、新商品を開発・発売する際に、広告費をいくらかけると、売上高がどのくらい期待できるかが予想できないでしょうか。あるいは、広告の担当者が広告費を増額してもらうためには、1億円の広告費の増加により売上高がいくら増えるかを示して、社内の人を説得する必要があるでしょう。このようなときに利用できるのが、回帰分析です。本章では、変数Xから変数Yに及ぼす影響の大きさを示す数値（回帰係数）を、回帰分析によってどのように計算するのかを説明します。

図表11-1　5つの新商品の広告費と売上高の散布図

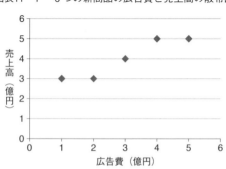

図表11−1は、ある食品会社の5つの商品が発売された際の広告費（横軸）と、その新商品の売上高（縦軸）の関係を散布図に示したものです（散布図については第10章で説明しました）。

　図表11−1を見ると、広告費と売上高の間には「強い正の相関関係」が見られます。この時点でわかるのは、広告費と売上高が連動しており、相互に強い影響を及ぼしているという点です。これに加えて、回帰分析では広告費が増加したら売上高がどの程度増加するかが焦点になります。

　この横軸X（広告費）が1目盛り増加した場合に、縦軸Y（売上高）が何目盛り増加するかを予想するもっとも簡単な方法は、5つあるデータの真ん中当たりを通る直線を引いて、その直線の傾き（$Y = aX + b$のaの値）を知ることです。実は、エクセル（Microsoft Excel）で散布図を作成すると、簡単な操作をするだけで図表11−2のような直線を入れることができます。

図表11−2　5つの新商品の散布図に直線（近似線）を入れた場合

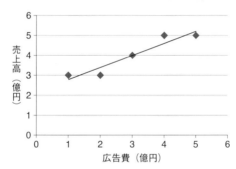

　図表11−2の直線は、5つの商品のデータの真ん中を通るように引かれています。この直線の傾きがX軸とY軸の関係を正確に把握していれば、広告費を決定する際の有力な根拠になりそうです。

　図表11−3では、散布図に引いた直線の傾きを式で明示しています。売上高$Y = 0.6 \times$ 広告費 $+ 2.2$ですから、広告費を増加させれば売上高も増加します。具体的に数値を入れてみると、広告費Xを10億円かけると、売上高Yは8.2億円になることが予想されます。もし、皆さんが食品会社の社長であった場合に、広告予算を増額しますか、それとも減額しますか。次節で傾きaの算出方

法を見た後で、もう一度検討しましょう。

図表11-3 5つの新商品の散布図に引いた直線の傾き

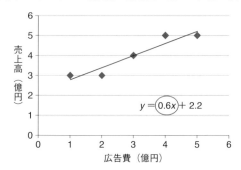

相関係数は散らばりの少なさ、回帰分析は直線の傾き

社長判断に入る前に、もう一度相関係数と回帰分析の違いを確認しておきましょう。実は、大学のゼミナールでもこの2つを混同したまま理解するケースが後を絶たないのです。

相関係数は、2つ変数を散布図に示した際に、直線の形のかたまりで見た場合の散らばり具合を示していました。つまり、データを示す点が限りなく直線上に固まっていれば、相関係数の数値は最大値1に近づきました（負の相関の場合はマイナス値）。

図表11-4 相関係数は散らばり、回帰分析は直線の傾き

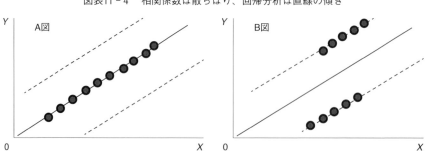

図表11 - 4の A 図は、相関係数が1のケースを示しています。全てのデータ点が一直線上に並んでおり、黒丸の散らばりがないので、相関係数は1になります。

一方でB図は、回帰分析の直線の傾きが1のケースを示しています。データの黒丸は上に並んでいるグループと下に並んでいるグループに分かれており、散らばりが大きいので相関係数は0.2と小さい数値になります。ところが、回帰分析の直線の傾きは２つのグループの間を通って傾きが1になっています。つまり、回帰分析ではデータ点の真ん中を通った直線の傾きが重要で、その値は横軸（X）が縦軸（Y）に与える一方方向の影響の大きさを示しています。

図表11 - 5　回帰分析はデータ点からの距離の面積（２乗）を計算（イメージ）

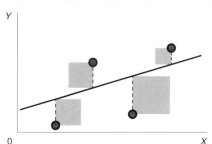

回帰分析の直線の傾きは、データ点からの面積の総和を最小にする

図表11 - 5は、回帰分析でデータ点の真ん中に引かれた直線 $Y = aX + b$ の「傾きa」を計算する仕組みを示しています。図上の点は４つの観測点（例えば新商品）の変数 X と Y の数値を示しています。この４つの点から直線に対して垂直線（点線）を引いて回帰直線（実線）までの距離 d を計算します。この距離 d を２乗（$d×d$）すると、一辺が d の正方形の面積（グレー）が計算できます。このグレーの面積を合計して、その値が最も小さくなるように直線の傾き a を決定します。この計算方式は、「２乗」した面積を「最小」化することから、最小二乗法と呼ばれます。

ここで、面積の合計値を「最小化」するという意味ですが、詳しい数式は示しませんが、高校の数学で「微分」「積分」を習ったことがあると思います。簡単に言うと「微分」は、$A = B^2$（これは2次関数）において、B^2 が最小になる点（グラフで見ると曲線の底）を求めるときに使いました。また、傾き a が算出できれば、切片 b も簡単に計算できます。

　実は距離 d は、回帰分析で推定した直線 $Y = aX + b$ に、X の数値を代入して Y の値を予想したときの「ズレ（残差と言います）」にあたります。したがって、ズレの2乗値の合計値を最小化するということは、予測のズレを小さくするということです。これは、回帰分析が X から Y を予想する際に利用される理由です。

▮▮ 回帰分析における具体的な計算方法

　仕組みが理解できたら、具体的な計算式を見てみましょう。便利なことに、毎回「微分」を行わなくても、最小二乗法には公式（計算式）が統計学者によって考えられています。もし、これまで出てきた「偏差積和」と「偏差平方和」を覚えていれば、傾き a は「X と Y の偏差積和」を「X の偏差平方和」で割ることで算出できます。すでに忘れてしまった人のために、これから具体例で計算をしてみましょう。

図表11-6　5つの新製品の広告費（X）と売上高（Y）の数値

新商品名	広告費（X）	売上（Y）
かりかりくん	1	3
トリさんど	2	3
ポテチ	3	4
泡コーヒー	4	5
エコ水	5	5

注）単位は1億円。

　図表11-6は、ある会社の5つの新商品の広告費 X と売上高 Y を一覧表に

したものです。広告費 X は新商品を売り出す前に決定して、販売開始後１年間の売上高を集計していますから、広告費 X が原因で、売上高 Y が結果と考えられるとします。

商品名は多少変な感じがしますが、筆者が適当に考えたものですので、ご了承ください。例えば、「かりかりくん」という新商品では、広告費に１億円をかけたところ、売上高は３億円でした。他の４つの新商品についてのデータも含めて回帰分析をしてみましょう。

計算方法としては、①広告費（X）の「偏差平方和」を算出する、②広告費（X）と売上高（Y）の「偏差積和」を算出する、③偏差積和を偏差平方和で割って傾き a を算出する、の３段階で行います。

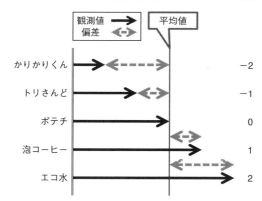

図表11-7　５つの新商品の広告費（X）における偏差

第１ステップは広告費（X）の偏差平方和

図表11-7には、５つの新商品の X の偏差を計算しています。偏差とは各データの平均値との差（距離でした）。新商品名「ポテチ」はちょうど平均値の３億円ですが、かりかりくんは広告費（X）が１億円なので、平均値（３億円）との偏差は－２億円となります。一方で、エコ水の広告費は５億円ですから、平均値（３億円）との偏差は＋２億円になります。

図表11-8　偏差を1辺とした面積が偏差平方

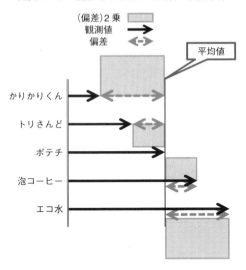

　この偏差は、プラスの値とマイナスの値がありますから、2乗して全てプラスの値にすることができます。図表11-8には、5つの新商品の偏差を1辺とする面積（2乗値）を示してあります。この偏差の2乗値の合計が、「偏差平方和」となります。具体的な数値を入れると、かりかりくん（$4=(-2)×(-2)$）、トリさんど（$1=(-1)×(-1)$）、ポテチ（0）、泡コーヒー（$1=1×1$）、エコ水（$4=2×2$）となります。そして、図表11-9のように、5つの新商品の偏差の2乗（平方）を合計すると、偏差平方和は10となります。

　次に、②XとYの偏差積和を計算しましょう。図表11-10に示したのは、5つの新商品についての広告費（X）の偏差と売上高（Y）の偏差です。例えば、かりかりくんの広告費（X）の偏差は−2でした。同じかりかりくんの売上高（Y）の偏差は−1（＝売上高3億円−売上高平均値4億円）となります。偏差積は、かりかりくんのXの偏差（−2）とYの偏差（−1）を掛けて面積を出します（＋2）。同様に、泡コーヒーの広告費（X）の偏差は＋1でした。同じ泡コーヒーの売上高（Y）の偏差は＋1（＝売上高5億円−売上高平均値4億円）となります。偏差積は、泡コーヒーのXの偏差（＋1）とYの偏差（＋1）を掛けて面積を出します（＋1）。このように5つの新商品につい

図表11-9 偏差の2乗(平方)を合計すると偏差平方和

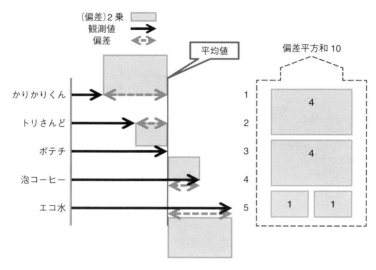

図表11-10 広告費(X)の偏差と売上高(Y)の偏差の積の合計が偏差積和

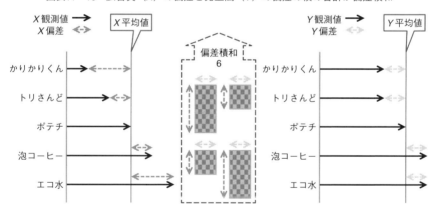

て計算し合計すると、偏差積和は6となります。

　ようやく、③偏差積和を X の偏差平方和で割って傾き a を算出します。図表11-11にあるように、分子の偏差積和は6で、分母の X の偏差平方和が10ですから、傾き a は0.6となります。これで、回帰分析における直線の傾きが計算できました。

図表11-11 偏差積和をXの偏差平方和で割ると、傾きaは0.6

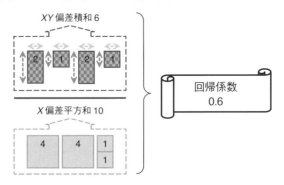

回帰係数（傾きa）はプラスであればよいのか

では、ここで傾きaが0.6という意味を考えてみましょう。多くの方は、最初はプラスの値なので、広告費Xが増加すれば売上高Yも増加するという点に着目し、広告費を増加するべきとの考えを持ちます。

しかし、この傾きは横軸Xが1単位増加した場合に、縦軸Yが何単位増加するかを示します。つまり、広告費を1億円増加させても、売上高の増加は0.6億円（6000万円）にすぎません。もし皆さんが会社の社長だったら、広告費よりも売上高の増加幅が小さいにもかかわらず、広告費を増額するでしょうか。むしろ、広告よりも売上高の上がる方法（例えば、営業社員の増員）を考えるでしょう。実際、高額なテレビCMを多く利用している業種ではこの傾きが非常に大きく、営業職員や口コミなどを多く利用する業種では、この傾きが小さいと考えられます。

エクセルで実施した回帰分析結果を解釈してみる

回帰分析の計算方法がわかったところで、現実に回帰分析を行った場合の「解釈」をしてみましょう。回帰分析は優れた特性を持つ分析方法ですが、計

第11章　広告費を増額すると売上高はどうなるか

算方法は意外に簡単でした。エクセルのような計算ソフトでも簡単な操作で実施できます。しかし、出力された結果の意味を読み取ることは意外に難しく、ここで立ち止まってしまう場合が多いと考えられます。これから6つの点を順番に検討しながら進めていきましょう。

図表11-12　エクセルで回帰分析を行った場合の出力表（回帰係数）

新商品名	広告費(億円)	売上(億円)
かりかりくん	1	3
トリさんど	2	3
ポテチ	3	4
泡コーヒー	4	5
エコ水	5	5

概要

回帰統計	
重相関 R	0.948683298
重決定 R2	0.9
補正 R2	0.866666667
標準誤差	0.365148372
観測数	5

分散分析表

	自由度	変動	分散	測された分散	有意 F
回帰	1	3.6	3.6	27	0.013847
残差	3	0.4	0.133333		
合計	4	4			

	係数	標準誤差	t	P-値	下限 95%	上限 95%	下限 95.0%	上限 95.0%
切片	2.2	0.382970843	5.744563	0.010477	0.981216	3.418784	0.981216	3.418784
X 値 1	0.6	0.115470054	5.196152	0.013847	0.232523	0.967477	0.232523	0.967477

①「回帰係数」の符号（＋または−）

図表11-12は、エクセルで図表11-6の5つの新商品を回帰分析した場合の出力表を示しています（図表11-6と同じ数値が一番上にあります）。これまで、回帰分析の直線の傾き a と呼んでいたものは、正式には「回帰係数」と呼びます。エクセルでは係数（coefficient の和訳）のみが表示されます。

第1にチェックするのは、この回帰係数（0.6）の符号（＋か−か）です。この符号は X が Y に与える影響の方向を示し、回帰係数の符号がプラスなら X が増加すると Y も増加、マイナスなら X が増加すると Y は減少することになります。今回は、係数0.6の符号はプラスですから、広告費 X が増加すると売上高 Y も増加することになります。この符号が事前の予想と一致しているかを確認しましょう。

なお、散布図に回帰分析の直線を引いた場合には、回帰係数がプラスの場合

183

直線は右上がりになり、マイナスの場合直線は右下がりになります。

②「回帰係数」の数値の大きさ

次に、回帰係数の数値の大きさです。例えば、今回の場合には符号がプラスですから、X が Y に与える影響の大きさは数値が大きいほど大きいですね。数値が0.6なので、X が1単位（今回は単位は1億円）増加すると、Y も0.6単位（同じく単位は1億円）増加することになります。

なお、散布図に回帰分析の直線を引いた場合には、回帰係数の数値が大きいほど直線の傾きが急になり、数値が小さいほど傾きが緩やかになります。

図表11-13　エクセルで回帰分析を行った場合の出力表（決定係数）

新商品名	広告費(億円)	売上(億円)
かりかりくん	1	3
トリさんど	2	3
ポテチ	3	4
泡コーヒー	4	5
エコ水	5	5

概要

回帰統計	
重相関 R	0.948683298
重決定 R2	0.9
補正 R2	0.866666667
標準誤差	0.365148372
観測数	5

分散分析表

	自由度	変動	分散	観測された分散比	有意 F
回帰	1	3.6	3.6	27	0.013847
残差	3	0.4	0.133333		
合計	4	4			

	係数	標準誤差	t	P-値	下限 95%	上限 95%	下限 95.0%	上限 95.0%
切片	2.2	0.382970843	5.744563	0.010477	0.981216	3.418784	0.981216	3.418784
X 値 1	0.6	0.115470054	5.196152	0.013847	0.232523	0.967477	0.232523	0.967477

③「決定係数」の大小

決定係数とは、回帰直線のまわりにデータ点がどの程度集中しているかを示す指標です（図表11-13）。つまり、回帰直線の当てはまりが良いほど数値が高くなります。逆に、決定係数が低い場合には、回帰分析の直線から外れたデータ点が多いため、変数 X の新しい数値を回帰式に入れて計算した変数 Y の予測値は、あまり当たらないということになります。なお、決定係数は最小値が0、最大値が1となります

図表11−14　回帰直線で説明できるバラツキと、できないバラツキ

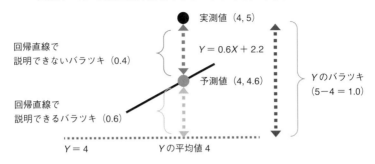

　図表11−14で、決定係数において回帰直線で説明できるバラツキの考え方を示しました。まず、Yの実測値の黒丸（例えば5）のバラツキは、Yの平均値（4）からの偏差（1）と考えます。この全体のバラツキのなかで、回帰直線で説明できる部分は予測値のグレーの丸（4.6）と平均値（4）の距離（0.6）になります。残りの実測値と予測値の距離は、回帰直線で説明できないバラツキと考えます。つまり、決定係数とは、売上高Yの全体のバラツキのうち、回帰モデルで説明できるバラツキの割合を計算したものです。

　図表11−14の1点のみのデータで見ると、全体のバラツキ（1）に対して説明できるバラツキは0.6なので、決定係数は0.6になります。

　図表11−15に、観測値が5つある場合の決定係数の算出の仕組みを示しました。決定係数の分母は、売上高Yのバラツキを偏差平方和で計算したものです。これまでの例では、Yの値は3, 3, 4, 5, 5で、その平均値4（図表11−15の左の図で、横に引いた直線）との差が偏差（点線の矢印）となり、偏差を1辺とした正方形の面積が偏差平方になります。その合計値の売上高Yの偏差平方和は4です。

　一方で分子は、回帰直線にXの値を入れた場合のYの予測値（$\hat{Y}$）と、Yの平均値4との偏差を1辺とした正方形の面積の合計値（「回帰平方和」）です。Yの予測値は、回帰直線$Y = 0.6X + 2.2$にXの値（1, 2, 3, 4, 5）を代入して計算すると、順に（2.8, 3.4, 4, 4.6, 5.2）となります。5つの新商品についてYの予測値とYの平均値4との差は（−1.2, −0.6, 0, 0.6, 1.2）となり、これらの2乗の和は3.6となります。したがって、決定係数は$3.6 \div 4 = 0.9$となり

図表11−15　決定係数の算出の仕組み

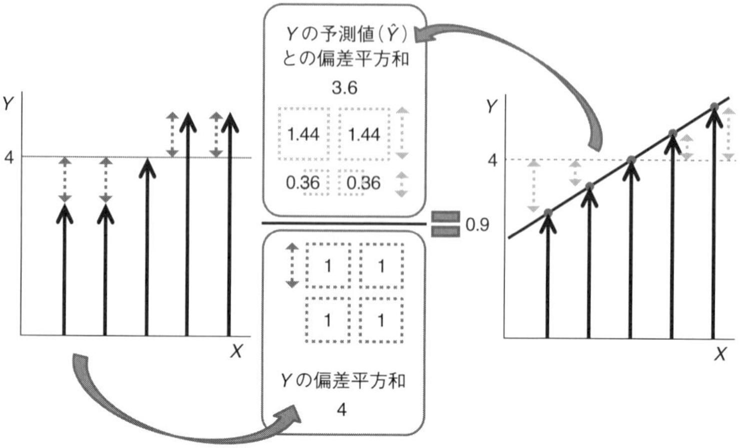

Yの予測値（$\hat{Y}$）
との偏差平方和
3.6

| 1.44 | 1.44 |
| 0.36 | 0.36 |

Yの偏差平方和
4

| 1 | 1 |
| 1 | 1 |

= 0.9

ます。

　今回の事例では、決定係数は0.9ですから、回帰直線の当てはまりはかなり良いということになります。この決定係数0.9は、売上高 Y の動き（変動）の90％を、広告費 X で説明できるとも考えられます。したがって、決定係数が高いと、その回帰式を次の新商品の売り上げ予測に利用できます。例えば、来年に新商品「激辛もち」を販売する際に、10億円の広告費をかければ、6億円の売上高が期待できると予測できます。

④「回帰係数」の t 値（統計的有意性）

　次に、回帰係数の t 値を見ます（図表11−16）。この t 値とは、t 検定の検定統計量の数値を示しています。t 検定と言えば、2つの母平均の検定で出てきた数値で、帰無仮説を前提とした場合に実現値が起る確率を示すものでした。では、この t 検定の帰無仮説は何なのでしょうか。

　回帰分析では、帰無仮説を「回帰係数＝0」として、回帰係数に t 検定を行っています。つまり、帰無仮説では、回帰係数の数値は0とほぼ同じ（X は Y に影響を与えていない）としています。もし、この t 値が2以上（負の場合には−2以下）の場合には、帰無仮説を棄却し、対立仮説「回帰係数 ≠ 0」

図表11-16　エクセルで回帰分析を行った場合の出力表（t値とP値）

新商品名	広告費(億円)	売上(億円)
かりかりくん	1	3
トリさんど	2	3
ポテチ	3	4
泡コーヒー	4	5
エコ水	5	5

概要

回帰統計	
重相関 R	0.948683298
重決定 R2	0.9
補正 R2	0.866666667
標準誤差	0.365148372
観測数	5

分散分析表

	自由度	変動	分散	観測された分散比	有意 F
回帰	1	3.6	3.6	27	0.013847
残差	3	0.4	0.133333		
合計	4	4			

	係数	標準誤差	t	P-値	下限 95%	上限 95%	下限 95.0%	上限 95.0%
切片	2.2	0.382970843	5.744563	0.010477	0.981216	3.418784	0.981216	3.418784
X 値 1	0.6	0.115470054	5.196152	0.013847	0.232523	0.967477	0.232523	0.967477

（つまり、XはYに影響を与えている）を採択します。逆に、回帰係数のt値が2未満（負の場合には－2より大きい）の場合、回帰係数の数値は0だと考えます。

図表11-17　回帰直線は、変動する確率変数から実現した1つの直線

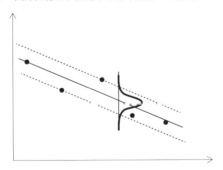

実は、回帰係数aは、「確率変数（推定量）」の1つの「実現値（推定値）」なのです。図表11-17は、直線と思われた回帰直線が、実は正規分布する確率変数のなかに含まれる1つの直線に過ぎないことを表現しています。このよう

に回帰直線が変動するのは、図表6-4で標本抽出を何度か行うことにより標本変動が起こることと同じです。つまり、手元にあるデータ（標本）から「真の Y と X の関係を推測した実現値の1つ」が回帰係数になります。例えば、今回の標本は5つの新商品ですが、知りたいのはこの会社の全ての新商品（母集団）の回帰係数なのです（そうでなければ、次に発売する新商品の売り上げ予測ができません）。

このように考えると、回帰直線は標本変動によるランダム誤差を表す誤差項（ε：イプシロン）を含む、以下のような式を推定していることが理解できます。

$$Y = aX + b + \varepsilon \quad (\varepsilon は誤差項)$$

今回のエクセルの出力表では、帰無仮説を前提とした検定統計量である t 値は5.196ですから、2よりも大きいことがわかります。したがって、帰無仮説を棄却して、対立仮説「回帰係数 ≠ 0」を採択することになります。回帰係数0.6は信頼できる数値ということになります。

背理法による説明があまりピンとこない方には、P 値を見ることで同じ判断ができます（図表11-16）。P 値とは、t 値（＝5.19）が実現する確率を直接計算したものです。この P 値が有意水準（通常は0.05）より小さいと帰無仮説を棄却し、対立仮説を採択することになります。

つまり、回帰係数の P 値が0.05より大きい場合には、X の回帰係数はほぼ0と考えてもよいことになります。また、回帰係数の P 値が0.05以下の場合には、X の回帰係数は信頼できるものとなります。

回帰係数が「統計的に有意」は、「証明」や「効果が高い」まで意味しない

今回は、回帰係数は無事「統計的に有意」となりました。これは、どのような意味を持つのでしょうか。回帰分析を行って回帰係数が統計的有意になると、思わず、「広告費により売上高が決定するという考えが証明された」とか、「X が Y に強い効果を与える」と言ってしまいがちです。しかし、これらは統

計的検定の正確な表現ではありません。

　統計的に有意ということは、回帰係数の数値が確率的に見て確からしい、という意味にとどまります。したがって、少なくとも係数の数値は0とは言えないので、「統計的に有意」な係数は信頼できるのです。

　ではなぜ「証明」とまでは言えないのでしょうか。その理由は、統計的検定は確率的な判断であり、有意水準が5％であれば、第1種の過誤が起こる可能性は5％残っています。数学的な証明が100％正しいものであるのに対し、統計的検定ではそこまでの表現は使えないことになります。

　また、「効果がある（少なくとも全くゼロではない）」ということは、回帰係数がゼロではないことから言えますが、その効果が高いかどうかは、回帰係数の数値を別途吟味する必要があります。例えば、回帰係数が統計的に有意であっても数値が0.6の場合には、広告費Xが売上高Yに及ぼす影響は「高い」とは言えません。しかし、同じ有意な回帰係数の数値が56であれば、広告費は売り上げアップに抜群の効果を持っていると言えます。

第12章 いろいろあるけれど一番の原因は何なのか（重回帰分析）

補足資料

● 第12章の内容を解説した YouTube 動画

https://youtu.be/4WuhgaUC52k

● YouTube 動画で使用したパワーポイント

https://drive.google.com/file/d/1aTx5OogXdplwHa-hcVTz41YBrzoIzcLQ/view?usp=sharing

● 第12章の演習用エクセルファイル

https://drive.google.com/file/d/1gwqM_uJnh4JUbEHHTV7PT1dR5J7reVDB/view?usp=sharing

現実では原因が1つではないことが多い

　前章では、因果関係がある変数 X と変数 Y に関する回帰分析の推定方法や、分析結果の解釈について理解しました。ここで皆さんは、現実の社会では因果関係において原因がたった1つということは考えにくいことから、変数 X が複数ある場合にどのように回帰分析を行うべきか、疑問に思われたかもしれません。

　例えば、新商品の売上高は広告費だけでなく、ライバル商品の有無やSNSによる口コミなどの原因があるかもしれません。また、外食産業の店舗ごとの売上高で見ると、駐車場の広さや席数などにも影響を受けるかもしれません。このように変数 Y の原因となる変数 X（このような変数を「説明変数」と呼びます）が複数ある場合に利用するのが、「重」回帰分析です。

図表12-1　大学講義の総合満足度に影響を与える5つの変数の重回帰分析

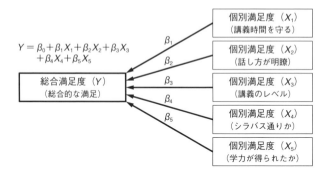

「重」回帰分析にはメリットが多い

　重回帰分析のメリットは、特定の変数 Y に対して複数の説明変数 X が及ぼす影響を、それぞれ個別に推定して比較することが可能な点です。このように、影響の大きさを比較することができれば、複数の要因に優先順位を付けた

第12章　いろいろあるけれど一番の原因は何なのか

り、重み付け（ウエイト）したりして考えることができます。

　図表12-1は、ある大学講義に対する、学生が回答する満足度アンケートを示しています。大学では講義ごとに「総合満足度」なるものが集計されます。この総合満足度とはどのような要因で決定されるかを、5つの要因に分けて考えます。

　第1の個別満足度は「講義の開始・終了時間が守られたか」で、第2の個別満足度は「講師の話し方は明瞭だったか」、第3の個別満足度は「講義の難易度が適切か」、第4の個別満足度は「講義内容がシラバス通りか」、第5の個別満足度は「学力を得ることができたか」だったとしましょう。

　総合満足度を Y として、第1の個別満足度を X_1、第2の個別満足度を X_2、第3の個別満足度を X_3 として、X_5 までの5つの説明変数で重回帰分析を行えば、それぞれの変数の回帰係数（重回帰分析では「偏」回帰係数と呼び、ここでは記号 β で表します）が推定できます。

　例えば、X_1 の偏回帰係数 β_1 は0.5、X_2 の偏回帰係数 β_2 は1.0、X_3 の偏回帰係数 β_3 は5.0だったとしましょう。この講義の講師が、手っ取り早く総合満足度をアップするには、回帰係数の数値が大きく、総合満足度への影響度が大きい X_3「講義のレベル（難易度）」に対策を取る方が簡単です。講義においては X_2 の話し方が明瞭であることも、学生が講義内容を理解するには重要ですが、手間暇かけて発音練習などをしても、回帰係数 β_2 は1.0と、X_3 の回帰係数の 1/5でしかなく、総合満足度（Y）はあまり上がりません。

　このように、総合満足度（Y）に及ぼす個別満足度の影響度（$\beta_1 \sim \beta_5$）がわかれば、限られた時間や予算のなかで対策を取ることが可能になります（実話ではありません！）。

▮▮ 「単」回帰に比して「重」回帰は4つのメリットあり

　上記のような重回帰分析のメリットを4つ説明します。第1に、複数の変数が及ぼす影響を個別に推定できます。図表12-2は、あるファミリーレストランの店舗別の1日当たりの客数と、その説明変数となりそうな要因のデータで

す。

　例えば、レストランの１日当たりの来店客数を増加させたいと考えた場合に、その要因として、価格（来店客１人当たりの平均価格、客単価）が最も思いつきやすいですね。しかし、店舗によっては駐車がしやすいからとか、店舗面積が広く客席数が多くて入りやすいからという理由でも、来店客数は多くなります。しかし、このような予想はできても、本当に影響を及ぼしているかどうかは何らかの根拠（エビデンス）がないとわかりません。

図表12-2　あるファミリーレストランの店舗別客数のデータ

店舗番号	客数／日	平均価格	駐車台数	駅距離(分)	客席数	商品数
1	230	680	25	8	80	60
2	658	480	30	5	100	60
3	321	650	35	15	60	70
4	411	500	28	15	60	72
5	835	680	35	8	120	100
6	732	580	39	3	90	90
7	284	630	45	15	80	50
8	260	500	20	10	66	60
9	565	630	35	5	80	70
10	488	550	28	30	55	80

　もし重回帰分析を知らなければ、ベテラン社員の勘や経験に頼ることになりますが、環境変化が激しい場合には、長年の経験がかえって判断を誤らせる場合もあります。そんな時には、過去１年間ぐらいのデータを重回帰分析で分析すれば、説明変数の影響度を別々に推定することができます。

■ıl １つ目のメリットは、複数の説明変数の影響を比較できること

　例えば、図表12-3は、図表12-2のデータを重回帰分析した結果です。予想したい変数 Y は１店舗の１日当たりの来客数です。説明変数としては、X_1 として「客単価」、X_2 として「駐車場の広さ（台数）」、X_3 として「最寄駅からの距離（駅距離）」、X_4 として店舗の「客席数」、X_5 としてメニューにある「商品数」の５つとしました。

194

第12章　いろいろあるけれど一番の原因は何なのか

　5つの説明変数について偏回帰係数が「回帰係数」欄に示されています。こ
こで数値が大きい説明変数は商品数（8.85）、駐車台数（6.90）、客席数
（5.22）の3つです。しかし、この解釈は2つの点で不適切です。

図表12-3　あるファミリーレストランの店舗別客数の重回帰分析結果

	回帰係数	t値
切片	-135.15	-0.4998
客単価	-1.10	-2.5220
駐車台数	6.90	1.4872
駅距離	-0.50	-0.0975
客席数	5.22	2.3048
商品数	8.85	4.0405

　第1に、単回帰分析の際にも説明しましたが、t値が2未満の場合には回帰
係数は信頼できませんから、駐車台数（t値が1.48）は除いて、t値が2以上
の回帰係数のみで考えると、商品数（t値4.04）、客席数（t値2.30）、客単価
（t値-2.52）の3つとなります。なお、「客単価」のt値がマイナスになって
いるのは、偏回帰係数がマイナスだからです。

　第2に、偏回帰係数の数値は、その説明変数の「単位」により影響の大きさ
が違います。例えば、X_1の客単価の単位が1円であれば、1円低下すると来
客数が1.1人増加することになります。これはかなり効果的ですね。しかし、
X_1の単位が100円であれば、100円低下すると来店客数が1.1人増加すること
になります。ファミリーレストランの商品の値段があまり高くないことを勘案す
ると、効果は低いと考えられます。

　では、客席数と商品数の影響の大きさを比較してみましょう。客席数を1席
増加させると、来客数は5.2人増加します。一方、商品数を1品増加させると、
来客数は8.8人増加します。もし、客席数を増加させることが、店舗面積の拡
大や改装を伴うために費用が高く、新商品の開発よりも大変だとしますと、商
品数を1品増加させる方が効果的だと考えられます。逆に店内レイアウトの変
更ぐらいで客席数が増やせても、新商品の開発には人材や材料費の制限があり

195

大変な場合には、客席数を増加させた方がよいでしょう。

このように見てみると、重回帰分析で複数の説明変数の影響を一度に比較できることは、大きなメリットと言えるでしょう。

▮▮▮ 2つ目のメリットは、回帰式の説明力（決定係数）がアップすること

2つ目のメリットは、分析モデル（変数を組み合わせたもの）の説明力（決定係数）が、重回帰分析の方がアップするという点です。

図表12-4　あるファミリーレストランの店舗別客数の「単」回帰分析結果

ファミリーレストランの入店客数

店舗番号	客数／日	平均価格	駐車台数	駅距離（分）	客席数	商品数
1	230	680	25	8	80	60
2	658	480	30	5	100	60
3	321	650	35	15	60	70
4	411	500	28	15	60	72
5	835	680	35	8	120	100
6	732	580	39	3	90	90
7	284	630	45	15	80	50
8	280	500	10	10	66	60
9	565	630	35	5	80	70
10	488	550	28	30	55	80

概要

回帰統計

重相関 R	0.770441
重決定 R2	0.593579
補正 R2	0.542776
標準誤差	143.9412
観測数	10

分散分析表

	自由度	変動	分散	測された分散	有意 F
回帰	1	242081.8	242081.8	11.684003	0.0091
残差	8	165752.6	20719.08		
合計	9	407834.4			

	係数	標準誤差	t	P-値	下限 95%	上限 95%	下限 95.0%	上限 95.0%
切片	-287.954	228.773	-1.25869	0.2436303	-815.5	239.6	-815.506	239.5974
商品数	10.7634	3.148862	3.418187	0.0091123	3.5021	18.025	3.502111	18.02469

図表12-4は、これまでと同様に1日当たりの来店客数を回帰分析したものですが、説明変数は「商品数」のみです。これは、前章で行った回帰分析と同じですが、重回帰分析と対比するために「単」回帰分析と呼びましょう。単回帰分析での決定係数（重決定 R2）は0.59（59％）で、客数の変動の59％を商品数の変動で説明できることを示しています。どうやら、商品が多い（メニューが充実している）ことは、来店客数に大きく影響を及ぼしているようです。

しかし、来店客のなかには、客席数が多い（待たずに座れる）ことを重視している人もいるでしょう。この点を考慮して、分析モデルの「商品数」に「客席数」を加えて、説明変数を2つにすると説明力がアップするはずです。図表

第12章　いろいろあるけれど一番の原因は何なのか

図表12-5　あるファミリーレストランの店舗別客数の「重」回帰分析結果

回帰統計	
重相関 R	0.893587
重決定 R2	0.798497
補正 R2	0.740925 ①
標準誤差	108.3511
観測数	10

分散分析表

	自由度	変動	分散	測された分散	有意 F ②
回帰	2	325654.7	162827.3	13.869498	0.0037
残差	7	82179.72	11739.96		
合計	9	407834.4			

	③係数	標準誤差 ④	t	⑤P-値	下限 95%	上限 95%	下限 95.0%	上限 95.0%
切片	-508.356	190.9959	-2.66161	0.0323915	-960	-56.72	-959.989	-56.7225
客席数	5.131017	1.923109	2.668084	0.0320887	0.5836	9.6784	0.583586	9.678449
商品数	8.158603	2.563475	3.182634	0.015434	2.0969	14.22	2.096948	14.22026

12-5は、「商品数」と「客席数」を説明変数にして重回帰分析した場合です。その結果、決定係数は54％から74％に、20％も増加しました。この水準の決定係数があれば、この分析モデルは客数の予測にも使えそうです。

　ただし、エクセルの出力表を見る場合には、「単」回帰分析では決定係数は「重決定 R2」の部分でしたが、「重」回帰分析では「補正 R2（正式名称は「自由度調整済み決定係数」）」の部分を決定係数として参照します。これは、説明変数が多くなるほど、決定係数の数値が上がりすぎる傾向があるため、その傾向を補正して算出した決定係数を使う方が、他の分析結果と比較しやすいからです。

　現実の社会でも、ある変数の原因がたった１つということは少ないでしょう。例えば、学生の成績を予想する回帰分析の場合でも、単に勉強時間だけでなく、通学時間やアルバイトの有無など様々な要因が影響を及ぼしていると考える方が自然ですね。「重」回帰分析はこのように変数を組み合わせることによって、より説明力の高い分析モデルを採用することを可能にします。

３つ目のメリットは、条件をそろえて比較（イコール・フッティング）できること

　３つ目のメリットを考えるために、「駅からの距離」と「駐車台数」という２つの変数の関係を考えてみましょう。「駅からの距離」を見ると、駅から近い立地であれば、徒歩での来店客が増加すると考えられます。一方で、駐車台

数が多いほど、車での来店客数が増えると考えられます。2つの影響が同時に起こると考えれば、同じ駐車台数の店舗でも、駅からの距離が近い店舗ほど、客数の増加に有利な状態になります。逆に言えば、駅からの距離をそろえて比較しないと、駐車台数が来店客数に及ぼす影響の大きさを推定できないことになります。

このように、ある変数 X の目的となる変数 Y に与える影響を推定する際に、Y に与えるその他の条件を調整（コントロール）する変数を制御変数と呼びます。上記の例では、来店客数に駐車台数が及ぼす影響を推定する際に、店舗の駅からの距離を制御変数として入れておかないと、駅近の店舗とそうでない店舗の駐車台数が及ぼす影響を正確に捕捉できなくなってしまいます。この他にも、店舗の来店客数に影響を及ぼす制御変数の候補としては、周辺住民の家族形態（子どものいる家庭が多いか）や、ライバルの有無（ライバルに客を取られる可能性）、直面する道路の交通量（車での来店客数が増加）などが考えられます。

もし、どれかの変数が Y に大きな影響を及ぼしているとすれば、「重」回帰分析の分析モデルに変数として加えることにより、より正確な影響を知ることができるはずです。

図表12-6　重回帰分析によって、変数 Z の影響を考慮した変数 X の影響度がわかる

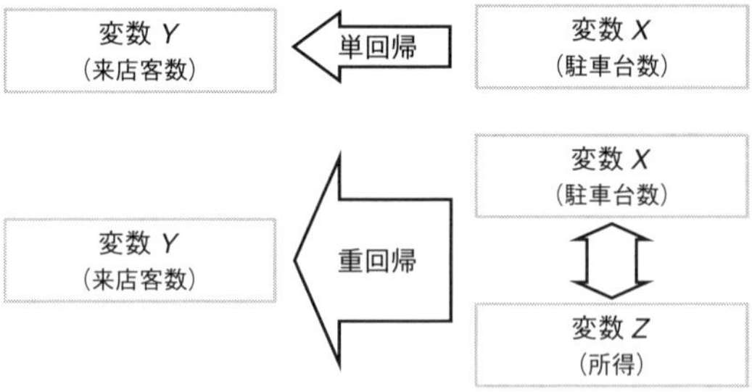

このように制御変数を入れないで分析した場合に生じる問題を、図表12-6を使って説明しましょう。例えば、変数 Y（来店客数）を変数 X（例えば駐車台数）で回帰分析する場合に、「単」回帰分析を行い、統計的に有意な結果

第12章　いろいろあるけれど一番の原因は何なのか

が出たとしましょう。

　しかし、もしかしたら駐車台数の設定は、店舗付近の住民の自動車保有割合から行われているかもしれません。都会であれば、自動車はある程度の所得がないと保有しない場合が多いため（地下鉄等が利用できる）、変数 X の変数 Y への影響は、変数 Z（所得）から変数 Y への影響も含んでいるかもしれません。そうであれば、単回帰分析の結果を踏まえて駐車台数を増やしても、その地域の自動車保有割合（およびその背後にある所得水準）が低いと、予想したほど来店客数が増えない可能性があります。つまり、変数 X の変数 Y への影響を過大に評価、もしくは過小に評価してしまい、回帰係数の数値が妥当でない場合が生じます。

　このため、説明変数が適切に選択されていれば、単回帰分析より重回帰分析の結果が重視されます。

「重」回帰分析では、「変数の組み合わせ（F 値）」も解釈する必要あり

　前章では、X が１つの「単」回帰分析の解釈について４点を確認しました。その４点とは、①「回帰係数」の符号、②「回帰係数」の大小、③「決定係数」の大小、④「回帰係数」の t 値（統計的有意性）でした。すでに、③の決定係数については、「重」回帰分析では、「自由度調整済み決定係数」（エクセルでは「補正 R2」と表示）を見ることを説明しました。重回帰分析では、さらに、⑤ F 検定をチェックします。

図表12 - 7　「重」回帰分析結果の F 検定（F 値）のチェック

回帰統計	
重相関 R	0.961594
重決定 R2	0.924663
補正 R2	0.830492
標準誤差	87.64282
観測数	10

分散分析表

	自由度	変動	分散	則された分散	有意 F
回帰	5	377109.3	75421.87	9.818939	0.022987
残差	4	30725.06	7681.265		
合計	9	407834.4			

199

重回帰分析では、複数の説明変数（X）があります。もし、④のt値をチェックしたときに、統計的に有意な変数と非有意な変数が混在した場合、この変数の組み合わせは適切と考えられるのでしょうか。ファミリーレストランの事例でも、商品数は有意でしたが、駐車台数は非有意でした。この点をチェックするのがF値（F検定の検定統計量）です。なお、非有意であっても、制御変数として条件のイコール・フッティングをしている場合には、必ずしも不要な変数とはなりません。

　図表12-7には、「重」回帰分析の5つ目のチェック項目であるF値（エクセルでは「有意F」と表示）が示してあります。この「有意F」は検定統計量のF値の数値ではなく、算出されたF値の発生確率であるP値を示しています。先に勉強した回帰係数の「t値」では、検定統計量の「t値」の横に「P値」が別建てて表示されていましたが、ここではF値を表示せず、「検定統計量のF値の実現値から算出したP値」を単に、「有意F」と表示しています（わかりにくいのですが、エクセルの日本語訳には首をかしげてしまうものが時々あります）。とにかく、この数値はP値ですから、5％以下の2.3％でしたので、帰無仮説を棄却して統計的に有意であると判断できました。

　では、このF値の帰無仮説はどのようなものでしょうか。簡単に言うと、「複数ある説明変数の全てがYを説明していない」というものです。この帰無仮説が棄却されると、「複数ある説明変数のどれかはYを説明している」と考えることができます。つまり、t値が1つひとつの説明変数について個別に0かどうかを検定するのに対して、F値は全ての説明変数について同時に0かどうかを検定しているということになります。

　では、F統計量の説明をする前に、「残差」について理解しておきましょう。再掲した図表11-14は、前章の5つの新商品の例で出てきた「泡コーヒー」（広告費Xが4億円、売上高Yが5億円）の回帰直線付近の拡大図です。まず、Yのバラツキは、Yの実測値5億円と平均値4億円の偏差である1億円です。Yの予測値は、泡コーヒーの広告費$X=4$を回帰直線$Y=0.6X+2.2$に代入したときのYである4.6億円になります。この予測値4.6億円と平均値4億円の差である0.6億円が、回帰直線で説明できるバラツキになります。偏差は1億円ですから、回帰直線で説明できた0.6億円を引いた残りの0.4億円

図表11-14　回帰直線で説明できるバラツキと、できないバラツキ（再掲）

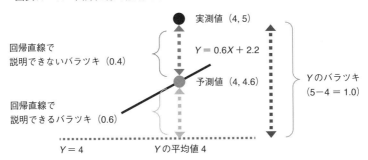

図表12-8　回帰平方和と残差平方和の計算の仕組み

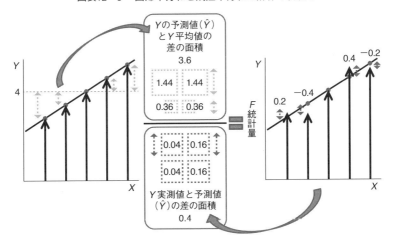

が、回帰直線では説明できないバラツキ（「残差」）となります。

　では、図表12-8を使って、簡単にF統計量の仕組みを説明しましょう。F統計量は、分子をYのバラツキのうち回帰直線で説明できる部分とし、分母をYのバラツキのうち回帰直線で説明できない部分とした比率になります。具体的には、分子の計算方法は説明変数（ファミリーレストランの事例では5つの説明変数）でY（この例では客数）を説明できる部分として、「Yの予測値」と「Yの平均値」との偏差平方和（「回帰平方和」）を算出します（図表12-8では3.6）。分母は、全ての説明変数でYを説明できない部分として、「Yの実測値」と「Yの予測値」との偏差平方和（「残差平方和」）を算出しま

す（図表12-8では0.4）。この比率がF統計量になります[注]。F統計量の確率分布はF分布になることが知られています。F分布の特性を簡単に表現すると、2つの分散（カイ二乗分布）の比率が取る確率分布です（図表12-9）。

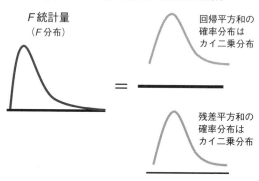

図表12-9　F分布とカイ二乗分布の関係

つまり、分子が「重」回帰分析が予測できた部分で、分母がそれ以外の「残差」の部分ですから、F統計量はその割合（回帰平方和÷残差平方和）を示します。回帰分析に意味があれば検定統計量の数値は大きくなり、意味がなければ小さくなると考えられます。帰無仮説を「複数ある説明変数の組み合わせがおかしい」とすると、「複数ある説明変数の回帰係数は全て0である」としても同じ意味です。したがって、F検定のP値（エクセルでは有意F）が0.05（5％）以下になれば、偏回帰係数（β）のうち少なくとも1つが0ではないと言えます。

「重」回帰分析の分析結果の吟味

これまでの内容をまとめて、分析結果をどのように解釈するかを見てみましょう。図表12-10に5つのチェックポイントを挙げています（前掲の図表12-

---

注）実際のF統計量の計算式では、分子と分母をそれぞれの自由度で割った数値を用います。

第12章　いろいろあるけれど一番の原因は何なのか

5もあわせてご覧ください）。

　まず、エクセルの分析結果の表の一番上の自由度調整済み決定係数（エクセルでは「補正R2」）です。この数値は0から1の値を取り、被説明変数の変動を100%とした場合に、分析モデル（説明変数の組み合わせ）によって、そのうちの何%を説明できているかを示しています。

　次に、F検定のP値（エクセルでは「有意F」）です。このP値が5%以下であれば、分析モデル（説明変数の組み合わせ）に大きな問題はないと判断できます。

図表12-10　重回帰分析における分析結果のチェックポイント

チェックポイント	エクセル上の表記	分析結果の意味
自由度調整済み決定係数	① 補正R2	被説明変数の変動を100%とした場合に、分析モデルがどの程度説明できているか。
F検定のP値	② 有意F	分析モデルに含まれる説明変数の回帰係数が全て0となるかを検定しており、5%以下であれば分析モデルに問題はない。
非標準化回帰係数の符号	③ 係数	説明変数が増加した場合に、符号がプラスであれば被説明変数も増加する。マイナスであれば減少する。
非標準化回帰係数の数値	③ 係数	説明変数が1単位増加した場合に、被説明変数が変動する値を示す。
回帰係数のt値	④ t	回帰係数が0であるかを検定した場合のt統計量を示している。
回帰係数のP値	⑤ P-値	回帰係数が0であるかを検定した場合のt統計量のP値を示している。5%以下なら統計的に有意となる。

　次は偏回帰係数です。回帰係数には「非」標準化回帰係数と標準化回帰係数がありますが、エクセルでは非標準化回帰係数が示されます。回帰係数については、符号（プラスかマイナスか）、数値（どの程度の影響か）、t値（あるいはP値）を見ていきます。符号は、被説明変数への影響の方向を示し、説明変数が増加した場合に、符号がプラスであれば被説明変数も増加し、マイナスであれば被説明変数は減少します。数値は、説明変数が1単位増加した場合に、被説明変数が変動する幅を示します。ここで注意が必要なのは、説明変数

の単位が1円であれば1円増加した場合の影響を、単位が千円であれば千円増加した場合の影響を表し、単位により数値が影響を受ける点です。t値やP値は回帰係数が0で被説明変数に影響を与えないという帰無仮説を検定した結果を示しており、P値が5％以下であれば、有意水準5％で統計的に有意な結果となります。

「重」回帰分析特有の問題

よいことずくめの回帰分析ですが、分析を実施するうえでいくつかの注意点があります。第1に、重回帰分析に用いる変数は、経済理論や実態に基づいて選択する必要があります。例えば、学習時間が学業成績に及ぼす影響を見る場合には、学業成績の要因になる変数を過不足なくモデルに組み込む必要があります。例えば、説明変数に手元にある変数を全て入れて、何か有意になった変数を取り上げる方法は、見せかけの相関にある変数を選んでしまうこともあり、お勧めできません。

図表12-11 説明変数間に強い相関関係があると、多重共線性の疑いがある

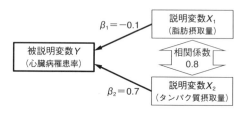

第2の問題は、説明変数同士の相関が強い場合に起こる、多重共線性（通称マルチコ）です。これは、説明変数同士が似た動きをすると、どちらの変数の影響なのかを判別することが困難になるためと考えられています。図表12-11では、説明変数X_1が食事による脂肪の摂取量で、被説明変数Yの心臓病での死亡率への影響を回帰分析で推定しています。このとき、手元にあったもう1つの説明変数であるタンパク質の摂取量X_2を回帰分析に加えました。

第12章　いろいろあるけれど一番の原因は何なのか

　すると、本来であれば脂肪の摂取量が多いほど心臓病の罹患率が高まること
が医学的に知られていますから、回帰係数の符号は正になるはずです。ところ
が、X_1 の回帰係数はマイナスの符号（-0.1）になり、代わりに X_2 の回帰係
数がプラス（0.7）になっています。タンパク質の摂取量は心臓病に影響を及
ぼさないと予想していたので、逆の結果になっています。これは、X_1 と X_2
の相関係数が0.8と高いため、多重共線性を起こしていると考えられます。こ
のように、想定した回帰係数の符号が反対になったり、説明変数の組み合わせ
によって回帰係数の値が大きく変化したりする場合には、多重共線性の問題が
起きていると考えられます。

　このマルチコに対応するには、分析前に説明変数同士の相関係数をチェック
したり、VIF（Variance Inflation Factor）と言われる指標を算出したりしてお
くなどの対策がよくとられます。そのうえで、相関が強い変数同士のどちらか
を1つ抜いた分析モデルを2種類作成して対応する場合が多いようです。これ
らの説明については本書の水準を超えるため、計量経済学や統計学などのより
進んだ講義で勉強してください。

205

第13章 足したり掛けたりできない数字（尺度とクロス集計表）

補足資料

● 第13章の内容を解説した YouTube 動画

https://youtu.be/GU96HDKrp_8

● YouTube 動画で使用したパワーポイント

https://drive.google.com/file/d/1Ydx68Re6MqryLjjjqdYVeUBYf3q5kbmt/view?usp=sharing

● 第13章の演習用エクセルファイル

https://drive.google.com/file/d/1ALn28EV8vie1RW6NEU7MdnAmF0nUwaFA/view?usp=sharing

数字だからといって、示す意味が同じとは限らない

これまでのデータは、金額（貨幣価値）や体重・身長のような数値を取り扱ってきました。ところが、データとして取り扱っている数値には、足したり掛けたりできない数値も含まれています。例えば、1 + 1 = 2は自明ですが、数値の意味を考えるとおかしな結果が起こることがあります。貨幣単位で考えると1円 + 1円 = 2円で当たり前の結果ですが、徒競走の順位を考えると、1位 + 1位 = 2位は意味が通じませんね。さらに、学生の成績を分析する際に性別に数値を付けた場合（男子に1、女子に2）には、1（男子）+ 1（男子）= 2（女子）となり、これも意図しない結果になりました。

数字は、4つの尺度（名義・順序・間隔・比率）に分けられる

同じ数値のように見えても、データには4つの「尺度」があります。さらに、データの数値がどの尺度であるかによって、採用できる計算方法が異なるのです。しかし、これまで「尺度」など聞いたことがない人が多いと思いますので、図表13-1にまとめて、上から説明していきましょう。

図表13-1　変数の4つの「尺度」とその特性

尺度	意味	事例
名義尺度（質的変数）	カテゴリーごとに割り振られた数値で、同じグループか違うグループかを示す。	性別 血液型
順序尺度（質的変数）	先か後かの順序には意味があるが、その順位の間の間隔が必ずしも等しくないもの。	到着順位 格付け
間隔尺度（量的変数）	目盛りの間隔は等しいが、0の数値が絶対的な意味を持たないもの。	温度 西暦
比率尺度（量的変数）	0（原点）の決め方が絶対的で、目盛りが等間隔で、比率に意味があるもの。	身長 金額

第13章　足したり掛けたりできない数字

　第1の尺度は、カテゴリーに割り振った数値を示す「名義尺度」です。データを分析する際に、個人や会社をグループに分けて分析する場合があります。例えば、人間であれば性別や血液型、好きなスポーツやチームなどです。しかし、これらの日本語をエクセルなどの計算ソフトに入力しても計算してくれませんので、便宜的に数値を割り振ることになります。

　例えば、男性は1・女性は2や、好きなスポーツが野球の場合は1・サッカーなら2・スキーなら3という形です。これらの数値により、好きなスポーツごとの男女の比率を計算したり、分析したりすることができます。しかし、この数値には1と2の間隔と2と3の間隔が等しかったり、2は1の2倍であるなどの意味はありません。あくまでグループに便宜的に番号を付けたにすぎません。

　第2の尺度は、先か後かの順序を数値にした「順序尺度」です。しかし、徒競走の順位を見てもわかるように、1位と2位の時間差と、2位と3位の時間差は必ずしも同じになりません。授業に対する満足度を測定する際にも、1（ほとんど満足していない）から5（非常に満足している）までの5段階の順序尺度で質問する場合が多いようです。

　第3の尺度は、等しい間隔が数値の間にある「間隔尺度」です。例えば、温度は日本では摂氏（℃）ですが、米国では華氏（°F）ですね。摂氏の温度は真水が凍結する温度を便宜的に0度とし、水が沸騰する温度を100度として、その間を100の等間隔の区切りにしたものです。一方で華氏は、真水の凝固点を32度、沸騰点を212度とし、その間を180等分して1度を設定したとされています（所説あります）。したがって、温度での0度は最も低い温度を示しているわけではありません。

　第4の尺度は、等間隔で比率にも意味がある「比率尺度」です。この尺度が一般的な数値のイメージに最も近いでしょう。例えば、身長は0cmであれば長さが無いという絶対的な意味があり、かつ1cmはどの長さでも等間隔になります。このように、0（原点）に意味があれば、10cmは5cmの2倍の長さであるなどの比率を見ることができます。つまり、数値の間隔も等しく、比率も意味がある万能選手です。

209

名義尺度は、社員の仕事スタイル

　それでは、尺度について深く理解してもらうため、ある会社の営業課の新人社員4人を、様々な尺度で評価してみましょう（図表13-2）。最初に名義尺度を使って、ABCDの4名をグループ分けしてみます。

　まず、カテゴリーの定義を厳密に決定します。例えば、「効率重視型（数値は1）」は、自分の担当の仕事は就業時間内に終わらせて残業しないで帰宅するグループです。4名のうち、A氏とD氏が該当します。もう1つの「残業努力型（数値は2）」は、自分の担当の仕事以外のことで毎日残業をしているグループです。このグループにはB氏とC氏が入りました。この2つのグループは仕事のスタイルや社員のタイプをグループに分けたもので、一概にどちらのグループが優れているとか出世しやすいなどの序列を付けることは困難ですね。

図表13-2　変数の4つの「尺度」とその事例

尺度	社員の評価方法	事例
名義尺度 （質的変数）	仕事のスタイル （決められた仕事を就業時間内に終わらせるスタイルか、長時間の残業をして多くの仕事を行うスタイルか）	A：1（効率重視型） B：2（残業努力型） C：2（残業努力型） D：1（効率重視型）
順序尺度 （質的変数）	取引先社長からの好感度の順位 （最も重要な取引先の社長に、4人のうち担当にしてほしい順番を聞いた）	1位：A 2位：C 3位：D 4位：B
間隔尺度 （量的変数）	偏差値 （テストを受けてもらい、全社員の平均値を50とし、標準偏差を10として相対的な位置を示した指数）	D：偏差値75 B：偏差値60 A：偏差値50 C：偏差値30
比率尺度 （量的変数）	転職市場での年収 （転職エージェントに、転職した場合に期待できる年収を試算してもらう）	C：1000万円 A：500万円 D：300万円 B：100万円

第13章　足したり掛けたりできない数字

 ## 順序尺度は、取引先の好感度ランキング

次に、順序尺度で4人を評価してみましょう。ある日来訪した重要取引先の社長に対して、4人を担当者に指名するならどの人がよいかについて聞き、その好感度について順位を付けてもらいました。その結果、1位はA氏、2位はC氏、3位はD氏、4位はB氏でした。取引先の社長の見る目があれば、社員の評価として使えそうです。

ここで注意したいのは、1位のA氏と2位のC氏に対する好感度の違いは、必ずしも2位のC氏と3位のD氏の違いと等しくなるとは限らないという点です。A氏がぶっちぎりで高い好感度を得ていて、他の3人はどんぐりの背比べなのか、1位から3位までは同じくらいで、4位のみ非常に好感度が低いかは、順序尺度ではわかりません。

間隔尺度は、テストの偏差値

今度は、どのぐらい頭が良いかを評価に使う案が出ました。知能指数や偏差値などの指数がわかれば、参考になるかもしれません。そこで、4人にテストを受けてもらい、間隔尺度である偏差値を算出しました。すると、D氏（偏差値75）、B氏（偏差値60）、A氏（偏差値50）、C氏（偏差値30）となりました。

すでに第4章で勉強したように、偏差値は平均値を50、標準偏差を10にして相対的な位置を数値化したものです。偏差値の1つの目盛りは等しい間隔を持ちますが、偏差値0には最も低いとかまったく勉強ができないという意味はありません。したがって、偏差値の比率、例えば偏差値60のB氏は偏差値30のC氏の2倍頭が良いという解釈はできませんね。

比率尺度は、転職エージェントの出した推定年収

評価の方法が異なるとその結果もバラバラであることに悩んだ人事部長は、4人の市場価値を転職エージェントに評価してもらい、年収として予想してもらいました。すると、C氏は新人にもかかわらず統計的な知識が豊富であることから、推定年収が1000万円と出ました。ところが偏差値60だったB氏はたったの100万円でした。

「比率尺度」は、絶対的な原点と等間隔な単位を持った尺度です。例えば、年収は全くないことを0円と決めていますから、比率に意味があります。C氏の推定年収1000万円は、B氏の100万円の10倍の市場価値を示しています。比率尺度は、評価価値の比率・差・順位も全て明らかになります（情報量が多い！）。幸いなことに、経済学のデータは多くが金銭価値に換算されている場合が多いため、ほとんどが比率尺度になります。

図表13-3　変数の4つの「尺度」とその代表値

尺度	データの変換	データの計算	データ分析の方法
名義尺度 （質的変数）	数値の変更は、異なる数値であれば自由	加減乗除は全て不可	最頻値 度数、割合、クロス集計等
順序尺度 （質的変数）	大小関係が保存されれば変換可能	加減乗除は全て不可	中央値 度数、割合、クロス集計等
間隔尺度 （量的変数）	線形変換（Xを$aX+b$）が可能	加減は可 乗除は不可	平均値、標準偏差（分散） 相関係数、回帰分析等
比率尺度 （量的変数）	単位変換（XをaX）が可能	加減乗除は全て可	平均値、標準偏差（分散） 相関係数、回帰分析等

注）加減は足し算と引き算、乗除は掛け算と割り算を指す。

尺度の種類と、代表値および可能な計算方法の関係

これで同じ数値（例えば1とか2）でも尺度が違えば、意味が違うことを理

解いただいたと思います。そうすると、気になるのは平均値や標準偏差などの代表値（第2章）が本当に使えるかどうかです（数値ですから計算はできますが）。

図表13-3には、4つの尺度とデータの計算や分析の方法を示しています。第1に、名義尺度は、ある特性が同じ標本をグループ分けしただけですから、それぞれのグループに割り当てられた数値に数量的な意味はなく、加減乗除（＋－×÷）の全てができません。したがって、代表値としてはどのグループの標本が多いかの「最頻値」のみが利用可能です。また、データを分析する際には、グループごとの度数（人数や個数など）や割合を示したり、2変数についてはクロス集計表が利用できます。

第2に、順序尺度は、大小関係のみに意味があり、1つの目盛りは等間隔ではありません。そのため、加減乗除（＋－×÷）を行うことができません。また、代表値としてはちょうど真ん中に位置するという意味の中央値が利用できます。データの分析では、名義尺度と同様に、順位ごとの度数（人数や個数など）や割合を示したり、2変数についてはクロス集計表が利用できます。名義尺度と順序尺度をあわせて質的変数と呼んでいます。

第3に、間隔尺度は数値の間隔は等しいため、データの計算として加減（＋－）は可能です。しかし、基準となる0に意味がないため、乗除（×÷）は利用できません。温度40度は20度の2倍暑いとは言えないためです。等間隔であれば、代表値として平均値や標準偏差が利用できます。また、データの分析では相関係数（第10章）や回帰分析（第11章、第12章）が利用できます。

第4に、比率尺度は、数値が等間隔で基準となる0に意味があるため、加減乗除（＋－×÷）の全てが利用できます。また、間隔尺度と同様に代表値として平均値や標準偏差を利用できます。データ分析でも相関係数や回帰分析がよく利用されます。つまり、これまでの章で学んだ分析方法は、「間隔尺度と比率尺度」（量的変数）を前提としていました。

質的変数はヒストグラムや散布図が使えない

このように見てくると、質的変数（名義尺度や順序尺度）はデータ分析において利用できる手法が限られていることがわかります。しかし、尺度をあまり意識しないでいると、うっかり散布図や相関係数を使ってしまいます。

図表13-4 成績評価（順序尺度）と学年（名義尺度）の散布図

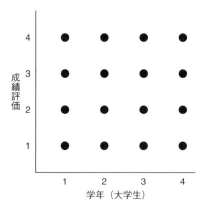

図表13-4は、質的変数で散布図を作成したときの例です。横軸は、名義尺度で大学生の学年です。1は1年生、2は2年生、3は3年生、4は4年生以上を指します。縦軸は順序尺度の数値で、1が成績評価で不可（Dランク）の人、2が同じく可（Cランク）、3は良（Bランク）、4は優（Aランク）となります。

予想としては、学年が高いほど（例えば4年生）、より良い成績評価（例えば優）が多いと考えられます。ところが、散布図ではそれぞれの数値の交差点にデータの観測点が重なり、量的変数のように2つの変数の関係を見ることができません。このようなときに便利なのが、クロス集計表です。

第13章　足したり掛けたりできない数字

 ## 質的変数の分析に便利なクロス集計表

　クロス集計を簡単に説明すると、2つの変数の度数分布表です。イメージとしては、図表13-4のそれぞれの点に該当するデータの個数（度数）を入れた表です。図表13-4と同じデータをクロス集計表にしたのが、図表13-5です。

図表13-5　学年ごとの成績評価のクロス集計表

		学年			
		1	2	3	4
成績評価	4	20	20	20	20
	3	20	20	15	10
	2	50	40	35	30
	1	10	20	30	40
合計値		100	100	100	100

　図表13-5の横軸は、名義尺度で大学生の学年です。1は1年生、2は2年生、3は3年生、4は4年生以上を指します。縦軸は順序尺度の数値で、1が成績評価で不可（Dランク）の人、2が同じく可（Cランク）、3は良（Bランク）、4は優（Aランク）となります。予想では、同じ講義を受けた場合には、高学年（4＝4年生）の方が良い成績（4＝優）を取る傾向があるのではないか、というものでした。

　しかし、それぞれの学年の合計値100人のうち、成績評価4なのは20人とまったく同じでした。一方で、成績評価の悪い（1＝不可）学生の人数は、4年生で40人、3年生で30人、2年生で20人、1年生で10人と減っていきます。成績評価で不可の場合には、その講義の単位が取得できません。つまり、クロス集計表を見ると、成績が良い人の割合は学年によって変わりませんが、単位を落としてしまう人の割合は、むしろ学年が上がるほど多くなっていることがわかります。

　この傾向は現実の大学でも見られる場合があります。1年生（特に夏休み前）の方が出席回数が多く、熱心に受講する場合があります。また、4年生は

215

就職活動で忙しく、すでに卒業に必要な単位の目途がつくと欠席しがちになってしまう場合があるのです。大学教員としては、大学で能力が低下するようなことが起こっていないのを祈るばかりです。

クロス集計表の作成には「仮説」が重要

具体例を見ていただいたところで、クロス集計表について詳しく説明しましょう。クロス集計表は簡単に言うと、2変数の度数分布表を縦横に組み合わせた表です。データを分析するには、1つの変数の基本統計量（代表値、散布度）や度数分布表でその特徴を見ることができます。2つの変数の場合には、散布図や相関係数がありますが、質的変数の場合には代わりにクロス集計表が使えます。

手元にある標本のデータからクロス集計表を作成する際には、1つのコツがあります。例えば、商品に関するアンケート調査のデータがたくさんある場合に、やみくもにクロス集計表を作成しても、2つの質的変数の関係が見えてくるとは限りません。調査においてあらかじめ、いくつかの変数と変数の間の関係を予想しておくことが重要です。これを「仮説」と呼びますが、この仮説に沿ってクロス集計表の縦軸と横軸の変数を選択するのがコツになります。直感的に理解しやすく、制約条件が少ないため、これだけでも実態把握が可能です。

図表13-6　ある会社の商品A、Bに関する3つの仮説

	仮説の内容	「仮説」の背景
仮説1	商品Aと商品Bは購入者の特性が同じ。	最初は商品Bのみであったが、後で若者向けにパッケージを変えた商品Aを出したから。
仮説2	商品Aと商品Bでは購入者の特性が異なる。	従来、商品Aも商品Bも男性向けであったが、最近は女性の購入者が増えているから。
仮説3	商品Aと商品Bの購入者の違いは性別。	最近増加している女性の購入者が、商品Aを購入しているのではないか。

第13章　足したり掛けたりできない数字

 商品Aと商品Bの顧客層は同じなのか

　具体例として、ある会社の商品Aと商品Bに関するアンケート調査でクロス集計表を作成してみましょう。残念なことに、この商品A・Bはライバル商品におされて、売上高が徐々に低下しています。何とか挽回するために、会議が開かれました。現状がどうなっているのかについて、3つの仮説が提示されましたが、本当に正しいのか不明です（図表13-6）。そこで、これらの仮説をアンケート調査のデータで検証することにしましょう。

　ご存じの通り、商品がAかBかということや、商品購入者が男性か女性かということは、名義尺度の変数です。仮説を検証するために、クロス集計表を作成することにしました。

図表13-7　ある会社の商品A、Bに関する仮説1のクロス集計表

		商品B		
		購入あり	購入なし	合計
商品A	購入あり	34	94	128
	購入なし	66	26	92
	合計	100	120	220

　図表13-7は、仮説1に関するクロス集計表です。縦軸に商品Aの購入の有無を、横軸に商品Bの購入の有無を、それぞれ該当する人数（度数）で表しています。その結果、220人中、商品AおよびBを両方購入している人はたった34人（商品Aの購入者の26.5％、商品Bの購入者の34％）でした。したがって、仮説1はデータにより否定され、仮説2「商品Aと商品Bでは購入者の特性が異なる」が支持されました。

　それでは、商品Aと商品Bの購入者の特性の違いは何なのでしょうか。会議では、最近女性の購入者が増えているとの発言がありましたので、仮説3「商品Aと商品Bの購入者の違いは性別」を検証するために、図表13-8のク

217

ロス集計表を作成しました。

　図表13-8の上の図は、商品Aの購入者の性別を縦軸に、それぞれの購入の有無を横軸に取ったクロス集計表です。図表13-8の下の図は、商品Bの購入者の性別を縦軸に、それぞれの購入の有無を横軸に取ったクロス集計表です。

図表13-8　ある会社の商品A、Bに関する仮説3のクロス集計表

〔商品Aの男女別購入者に関するクロス集計表〕

		商品A		
		購入あり	購入なし	合計
性別	女性	158	41	199
	男性	41	200	241
	合計	199	241	440

〔商品Bの男女別購入者に関するクロス集計表〕

		商品B		
		購入あり	購入なし	合計
性別	女性	39	160	199
	男性	217	24	241
	合計	256	184	440

　この2つの表から、商品Aの購入者199人のうち、女性は158人と79%でした。一方で、商品Bの購入者256人のうち、男性が217人と85%でした。このことから、仮説3「商品Aと商品Bの購入者の違いは性別」が支持され、特に商品Aは女性が主な購入者であることが判明しました。

　この結果から、この会社は商品別にターゲット層を絞って商品改良を行ったり、広告を作成したりすることとなりました。

218

健康診断を行っても医療費が節約できないのはなぜか

　クロス集計表を利用した分析をもう1つご紹介しましょう。ある企業では社員の健康管理に熱心でしたが、健康診断を行っても社員の病欠が減らず、医療費も抑制できませんでした。そこで会社の人事部はデータを分析して、その原因を探ることにしました。

　このとき、主な変数はある社員の健康診断の受診の有無と、その社員が病気になったかどうかです。どちらも名義尺度になりますので、クロス集計表を利用します。

図表13-9　ある会社の健康診断の効果に関する3つの仮説

	仮説の内容	「仮説」の背景
仮説1	社員が健康診断を受けていない。	健康診断の受診を人事部が連絡しているが、仕事が忙しくて受診していないのではないか。
仮説2	健康診断では疾患を発見できていない。	社員は健康診断を受診しているが、検査の精度に問題があり、疾患を見逃しているのではないか。
仮説3	疾患が発見されても社員が治療を受けていない。	社員は健康診断を受診し、検査で疾患が発見されているが、病院で治療を行っていないのではないか。

　この会社の人事部は会議で、図表13-9に示したような仮説を3つ設定しました。仮説1は、社員が忙しくて健康診断を受診できていないというものです。仮説2は、健康診断を受診しても、検査の精度に問題があり疾患を発見できていないというものです。仮説3は、健康診断を受診し疾患が発見されても、社員が病院で治療を行っていないというものです。実は、この仮説3は当初はあり得ないと言われていました。

健康診断後の医療機関への受診行動は予想外の結果

　図表13 - 10は、縦軸を社員ごとの「健康診断の受診の有無」および「受診した場合にはその検査結果が正常（疾患は未発見）および異常（疾患を発見）」でさらに分けたものです。横軸は健康診断を受診後に治療のために病院を受診したかどうかです。

　まず、仮説1「社員が健診を受けていない」ですが、受けていない社員は1000人のなかで100人ですから、全体の9割が受けており、仮説1は否定されました。次に、仮説2「健康診断では疾患を発見できていない」ですが、900人中で400人が異常（疾患を発見）となっていますので、健康診断の精度には問題はないと考えられます。最後に、仮説3「疾患が発見されても社員が治療を受けていない」ですが、健診で異常と判断された400人のなかで、120人（30%）が治療のために病院を受診していませんでした。

図表13 - 10　健康診断の受診行動と、その後の病院の治療に関するクロス集計表

健診	所見	病院受診	病院未受診	合計
健診受診	正常	5	495	500
	異常	280	120	400
健診未受診		90	10	100
合計		375	625	1000

　この結果に人事部は驚きました。健診で異常が発見されれば、社員は必ず病院で治療するはずだと考えていたためです。実は、健診で異常が発見されても、治療が長引いて仕事に差し障ることを恐れて、病院に行かない人が多いということがわかりました。そこで対策として、人事部は健康診断で異常と診断された社員に、病院を受診したかどうかを個別に確認し、病院に行くように促すことにしました。

第14章 故障の有無を回帰分析する
（カイ二乗検定とロジスティック回帰分析）

補足資料

● 第14章の内容を解説した YouTube 動画

https://youtu.be/0GuLnhDoSu0

● YouTube 動画で使用したパワーポイント

https://drive.google.com/file/d/1bh8ZUNbtJ-DI3dL-DwqgPO7w9eJJ__MI/view?usp=sharing

● 第14章の演習用エクセルファイル

https://drive.google.com/file/d/1798Xn2qiQw3F7i0lVosGb5uiWZ13ZafP/view?usp=sharing

クロス集計表の割合の違いは、標本変動によるものか

これまで、統計的検定について学習してきた皆さんは、クロス集計表を見てある疑問を持たなかったでしょうか。例えば、大学の学年による成績評価の違いは、単なる偶然なのか、それとも統計的な有意差があるのでしょうか。また、ある会社の商品AとBの購入者の違いは、全ての購入者を調べたわけではなく、特定の時期に調査に参加した標本によるものです。そうであれば、標本で作製したクロス集計表の差異は、母集団でも同じ結果と言えるのでしょうか。つまり、クロス集計表の差が、標本変動による単なるランダムな誤差なのかを知りたいわけです。

図表14-1 標準正規分布の2乗がカイ二乗分布

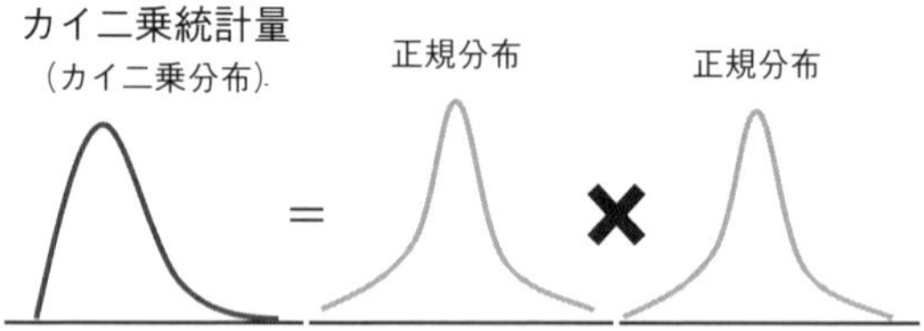

カイ二乗統計量
(カイ二乗分布)　　　正規分布　　　正規分布

質的変数で利用できるカイ二乗検定

しかし、これまでの統計的検定は量的変数を前提としていました。前章で示した質的変数で作成したクロス集計表にも利用できる検定は、「ノンパラメトリック検定」の一分野で、「カテゴリカル・データの分析」と呼ばれており、その1つがカイ二乗検定です。クロス集計表に対してカイ二乗検定を行うことにより、統計的に意味がある差（有意差）を確認することができます。カイ二乗検定は、検定統計量の確率分布が「カイ二乗分布」に従うことからこう呼ばれています。

図表14-1は、カイ二乗分布の簡単な説明を示したものです。標準正規分布している変数を2乗したものが、カイ二乗分布になります[注]。t分布の説明を

した図表9-8で、分母となる標本分散の確率分布としてカイ二乗分布を示しました。

カイ二乗検定は、「独立性の検定」と「適合度の検定」がある

実は、カイ二乗検定は大きく分けて2つの目的で利用されています。例えば、クロス集計表の場合には、縦軸の変数（例えば大学の成績評価）と横軸の変数（大学の学年）の間に何らかの関係があるのか、それとも成績評価と学年は関係がないのかを知りたいときに「独立性の検定（test of independence）」（ここでの独立とは、確率論的に独立という意味です）を採用します。独立性の検定は、マーケティング業界ではABテストなどにも利用されています。

この他にも、「適合度の検定（goodness of fit test）」では、事前に想定された理論的な割合（例えば商品Aと商品Bの購入者の男女比が同じ）と、実際の購入者の男女比が同じかどうかを統計的に判断する検定です。

「独立性の検定」の帰無仮説は「2つの変数は関係がない」

それでは、単純な2×2のクロス集計表を例にして、独立性の検定を行っていきましょう。この検定では、想定される期待値（平均値）と実測値（実際のデータ）のズレ（偏差）に着目し、偏差の2乗値の合計をカイ二乗分布する統計量として利用します。

もし、2つのグループがお互いに独立しているのであれば、偏差は限りなく小さくなると考えられます。そこで、帰無仮説として「2つのグループの間に違いがない（独立している）」とします。反対に、対立仮説としては「2つのグループの間に違いがある」とします。

注）正確には、独立な標準正規分布の2乗和がカイ二乗分布になります。また、カイ二乗分布は、自由度の違いにより形状が変化します。

帰無仮説を前提とすれば、偏差はほぼ0に近い値を取り、その2乗和も小さな値を取るはずです。もし、検定統計量が大きな値であれば、カイ二乗分布から5％以下になるかどうかが判別できます。もし、実現値の確率が有意水準（5％）より小さければ、帰無仮説を棄却して対立仮説を採択することになります。

工場の機械のメンテナンス方法の変更は、故障を減らしたか

　では、具体的な事例として、「工場の機械の故障を、メンテナンス方法の変更で減らせたか」を、カイ二乗検定を使って検証してみましょう。

　ある工場では、機械の故障が多く発生して困っていました。機械の故障は主に定期的なメンテナンスが十分でないために発生していると考えられたために、メンテナンスの方法を改善することにしました。

図表14-2　工場でのメンテナンス方法と故障件数の実測値

観測結果から作成した実測値			
	故障あり	故障なし	合計
改善した方法	24	100	124
従来の方法	50	65	115
合計	74	165	239

　その結果を図表14-2に示しました。2つのメンテナンス方法の期間を6カ月ずつ（4月〜9月と10月〜翌年3月）観測し、それぞれ故障が発生した日と故障が発生しなかった日を計算して、2×2のクロス集計表にしました。その結果、従来のメンテナンス方法では、115日間に故障が起きた日が50日で、故障が起きなかった日が65日でした。ほぼ2日に1度の故障が起きており、これでは工場生産は滞ってしまいます。

　一方で、改善したメンテナンス方法では、124日間に、故障が起きた日は24日で、起きなかった日は100日と、ほぼ半減しました。どうやら、新しいメン

第14章　故障の有無を回帰分析する

テナンス方法の方が優れているようです。

　ところが、メンテナンスの担当者は、従来の方法の方が慣れているため、改善したメンテナンス方法は手間がかかって大変なうえに、故障の減少はたまたま最初の6カ月間のランダムな誤差により生じただけである、と主張しました。困った工場長は、新旧のメンテナンス方法と故障件数に関係があるかを、カイ二乗検定で検証することにしました。

実測値から2つの方法の平均値（期待値）を算出して偏差を計算

　カイ二乗検定の独立性の検定として、帰無仮説を、「新旧のメンテナンス方法と故障の有無には関係がない」を設定しました。これは、2つの方法の故障件数が平均値に近く、偏差が小さいほど妥当性の高い主張になります。

図表14-3　新旧のメンテナンス方法の平均的な故障件数①

実測値の合計値から平均値を計算する			
	故障あり	故障なし	合計
改善した方法	24	100	124(A)
従来の方法	50	65	115(B)
合計	74(c)	165(d)	239(Z)

　次に、帰無仮説を前提として、理論値（平均値）を、図表14-3の合計値（グレーの数値）以外の部分で計算します。図表14-4にその計算方法を示しました。

図表14-4　新旧のメンテナンス方法の平均的な故障件数②

	故障あり	故障なし	合計
改善した方法	$c \times (A/Z)$	$d \times (A/Z)$	A
従来の方法	$c \times (B/Z)$	$d \times (B/Z)$	B
合計	c	d	Z

225

もし、2つの方法で故障の有無の割合に違いがない場合には、故障ありの日数は2つの方法の全体の日数（図表14-4のAとB）の比率と同じになるはずです。そうであれば、故障した日の合計値であるcに、それぞれの合計日数（AまたはB）の全日数Zに占める割合を掛ければ、理論的な平均値になるはずです。例えば、新しいメンテナンス方法で故障した日数は$c \times \frac{A}{Z}$に、従来のメンテナンス方法で故障した日数は$c \times \frac{B}{Z}$になるはずです（図表14-4）。

実際に計算をしてみると、新しいメンテナンス方法の場合には、$74 \times \frac{124}{239} = 38.4$となり、約38日が故障した日数になります。また、従来の方法では$74 \times \frac{115}{239} = 35.6$となり、約36日が故障した日数となります（図表14-5）。

同じく、故障なしの日数も全日数Zに占めるAおよびBの割合で割り振ります。例えば、新しいメンテナンス方法で故障なしの日数は$d \times \frac{A}{Z}$に、従来のメンテナンス方法で故障なしの日数は$d \times \frac{B}{Z}$になるはずです（図表14-4）。

図表14-5　新旧のメンテナンス方法の平均的な故障件数③

	故障あり	故障なし	合計
改善した方法	$74 \times (124/239) = 38.4$	$165 \times (124/239) = 85.6$	124
従来の方法	$74 \times (115/239) = 35.6$	$165 \times (115/239) = 79.4$	115
合計	74	165	239

実際に計算をしてみると、新しいメンテナンス方法の場合には、$165 \times \frac{124}{239} = 85.6$となり、約86日が故障なしの日数になります。また、従来の方法では、$165 \times \frac{115}{239} = 79.4$となり、約79日が故障なしの日数となります（図表14-5）。

図表14-6に、クロス集計表の実測値（上表の黒字の部分）と期待値（下表の黒字の部分）を並べてみました。カイ二乗検定の統計量として、実測値と期待値の差を2乗して期待値で割った数値を、4つのコラムについて合計します。もし、帰無仮説が真なら統計量の値は0に近いはずであり、帰無仮説が偽なら値は大きくなるはずです。

図表14-7は、実測値と期待値からカイ二乗統計量の値を算出する方法を示しています。2×2のクロス集計法では、4つのコラム（エクセルでは「セ

第14章　故障の有無を回帰分析する

図表14-6　実測値（上表）と期待値（下表）の比較

実測値	故障あり	故障なし	合計
改善した方法	24	100	124
従来の方法	50	65	115
合計	74	165	239

期待値	故障あり	故障なし	合計
改善した方法	38.4	85.6	124
従来の方法	35.6	79.4	115
合計	74	165	239

図表14-7　実測値と期待値の差から、カイ二乗値を計算する

	故障あり	故障なし	合計
改善した方法	24	100	124
従来の方法	50	65	115
合計	74	165	239

	故障あり	故障なし	合計
改善した方法	38.4	85.6	124
従来の方法	35.6	79.4	115
合計	74	165	239

	故障あり	故障なし	合計
改善した方法	$(24-38.4)^2/38.4=5.4$	$(100-85.6)^2/85.6=2.4$	7.8
従来の方法	$(50-35.6)^2/35.6=5.8$	$(65-79.4)^2/79.4=2.6$	8.4
合計	11.2	5.0	16.2

ル」）があります。

　まず、新しいメンテナンス方法で故障ありの日数では、実測値24日から期待値38.4日を引いた差である－14.4を２乗すると、207.36となります。この数値を期待値38.4で割ると5.4となります（カイ二乗値＝（実測値－期待値）の２乗/期待値）。同様にして残りの３つのコラムでも同様の数値を計算し、最後に４つのコラムの数値を合計すると、カイ２乗値は16.2になりました。この値がカイ二乗統計量で、この値（ズレ）が生じる確率を計算します。

　図表14-8に、カイ二乗分布の分布表を示しました。縦軸に自由度（今回は１）と横軸に有意水準（今回は５％）を入れると、棄却域を示す数値（丸のある3.84）を知ることができます。したがって、図表14-7で算出したカイ二乗

図表14-8　カイ二乗分布の分布表

自由度	上側有意確立											自由度
	0.995	0.99	0.975	0.95	0.9	0.5	0.1	0.05	0.025	0.01	0.005	
1	0.00004	0.00016	0.00098	0.0039	0.0158	0.455	2.710	③.84	5.02	6.63	7.88	1
2	0.01003	0.02010	0.0506	0.1026	0.211	1.386	4.61	5.99	7.38	9.21	10.6	2
3	0.07172	0.1148	0.2158	0.352	0.584	2.37	6.25	7.81	9.35	11.3	12.8	3
4	0.2070	0.2971	0.484	0.711	1.06	3.36	7.78	9.49	11.1	13.3	14.9	4
5	0.4117	0.554	0.831	1.15	1.61	4.35	9.24	11.07	12.8	15.1	16.8	5

値が16.2のときの確率は5％以下になります。

　ただし、カイ二乗分布は自由度によって形状が異なります。自由度とは、制約条件が少ないほど得られる情報が多いと考える数値です。もし制約条件がなければ、標本サイズ（nの数）が自由度になります。今回の自由度は、（表の横項目数－1）×（表の縦項目数－1）で算出できますので、自由度は1となります。この自由度1と有意確率5％の組み合わせをカイ二乗分布表で確認することで、棄却域となるカイ二乗値3.84が得られます。

　したがって、今回の場合、帰無仮説は棄却され対立仮説を支持することになります。この結果から、工場長は統計的に有意に、新しいメンテナンス方法と従来のメンテナンス方法に差があることを説明できました。ただし、このカイ二乗検定が利用できるのは、クロス集計表が2×2の単純な場合に限られます。

複数の要因が機械の故障に与える影響を分析するには

　工場長が自信満々で説明したにもかかわらず、担当者は納得しません。担当業務を長年実施していた経験から、メンテナンス方法以外にも外気温が影響を及ぼしていると反論しました。従来のメンテナンス方法のデータを取ったのは、4月～9月ですから暑い日が多く含まれています。工場内は時には40度まで上昇し、鉄でできた機械は熱で膨張するため、故障が起きやすいのです。新しいメンテナンス方法のデータは涼しい日が増えた10月～翌年3月までの期間なので、故障が少なくなるというのです。また他にも、工場の生産量が5月～7月に増加するため、機械の稼働時間が長くなることも要因ではないかとの話

が出ました。つまり、故障の有無はメンテナンス方法だけでなく、外気温（間隔尺度）や生産量（比率尺度）などの別の要因によっても影響を受けるのです。

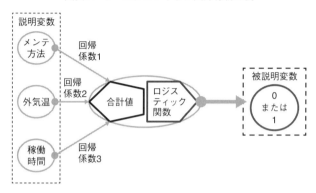

図表14-9　ロジスティック回帰分析の例

再び困った工場長は、統計学が得意と言われている新入社員に相談したところ、ロジスティック回帰分析を教えてくれました。ロジスティック回帰分析は、被説明変数に0または1を取る名義尺度（ただし2値）を採用できる回帰分析です（図表14-9）。

名義尺度を被説明変数にした回帰分析（ロジスティック回帰分析）

第11章で学習した回帰分析は、「線形回帰分析」と呼ばれています。被説明変数 Y と説明変数 X の間に直線的な関係を想定しているからです。回帰変数の解釈でも、X が1単位増加したときの Y の変化量は一定割合で増加していました。つまり、直線の傾きは一定ということになります。

一方で、線形を仮定しない「非」線形回帰分析では、上記のような制約を受けません。例えば、被説明変数が0や1で途切れてしまったり、その変化率が一定ではなかったりする場合にも利用できます。ロジスティック回帰分析では、2つの工夫をして0または1の名義尺度の変数をあたかも量的変数（比率

尺度）のように取り扱います。

第1の工夫は、最小値が0で最大値が1のロジスティック分布を利用し、その間の数値が連続しているとして取り扱います。

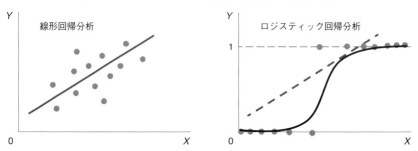

図表14-10　ロジスティック分布と非線形回帰分析の特徴

図表14-10は、ロジスティック分布の確率分布（累積分布関数）です。右の図では、Yが0になる場合と1になる場合がXとの関係で描かれていますが、ロジスティック回帰分析の回帰曲線がフィットしていることがわかります。ロジスティック分布は正規分布と同様、釣り鐘型の確率分布ですが、中央がより尖っており裾野が広くなっています。累積分布関数も正規分布と同様に対称なS字型（ジグモイド型と呼ばれます）になりますが、Yが0と1に近い部分の値がより大きいことがわかります。

第2の工夫は、被説明変数Yの代わりに潜在変数Y'を置き、潜在変数Y'が負のときに被説明変数を0とし、潜在変数Y'が正のとき被説明変数が1になるという操作をします。このように、連続的に変化する潜在変数に閾値（0）を設定して、連続的な変化を離散的な数値に結び付けるのです。

図表14-11は、統計ソフトSPSSでのロジスティック回帰分析の結果です（残念ながらMicrosoft Excelには採用されていません）。被説明変数を故障のある日を1、ない日を0とした2値変数にし、説明変数にはメンテナンス方法、外気温（その日の最高気温）、稼働時間（工場が稼働した時間）の3つを用いました。標本としては、約1年間（工場稼働日は休日を除いた239日）を対象に分析しました。その結果、有意確率が5％以下になった変数は、メンテナンス方法と外気温の2つでした。説明変数が被説明変数に与える影響の大き

第14章　故障の有無を回帰分析する

図表14-11　ロジスティック回帰分析による故障の有無の分析結果

変数名	係数（B）	標準誤差	有意確率	Exp（B）
メンテナンス方法 （ダミー変数）	0.2	0.15	0.03	1.221
外気温	1.3	0.50	0.04	3.669
稼働時間	−0.5	0.80	0.77	0.606

さはオッズ比（図表14-11ではExp（B））で表され、オッズ比の数値が大きい
ほど影響も大きいと考えられます。メンテナンス方法のオッズ比は1.221で、
外気温のオッズ比は3.669と3倍程度大きくなりました。

図表14-12　メンテナンス方法にダミー変数を利用した例

メンテナンス方法	ダミー変数の数値	回帰係数の意味
従来の方法の日	0	従来の方法を基準にした場合の 「改善した方法」の影響度
改善した方法の日	1	

名義尺度を説明変数に入れるにはダミー変数を利用

　ここで、被説明変数と同じ名義尺度の「メンテナンス方法」の変数を、その
まま回帰分析に入れても問題はないのでしょうか。実は、「ダミー変数」とい
う手法を使って、名義尺度の変数を量的変数として扱っています。

　図表14-12は、今回のダミー変数の仕組みを示したものです。ダミー変数は
0または1を取る2値変数で、従来のメンテナンス方法を使った日の場合は0
を取り、改善したメンテナンス方法を使った日の場合は1を取るように数値を
与えました。これによって、従来の方法の日を基準（ベース）にして、改善し
た方法の日が被説明変数（故障の有無）に与える影響を捕捉することができま
す。このようにダミー変数は、名義尺度を量的変数として取り扱いたい場合に
便利な方法です。

231

パラメトリック統計とノンパラメトリック統計の比較

図表14-13に、カイ二乗検定とロジスティック回帰分析の特徴を、パラメトリック統計の分析方法（t検定と重回帰分析）と比較する形でまとめました。

第9章で学習した2つの母平均の検定（t検定）は、2つの標本の平均値に差があるかどうかを確率的に判断する手法でした。このとき、2群を比較する際の分析軸は1つの変数（例えば、製品の寸法）でした。この変数は、量的変数となる間隔尺度や比率尺度に限られます。本章では、パラメトリック検定では取り扱いできない名義尺度の変数（故障の有無）を結果として、2群（従来の方法のグループと新しい方法のグループ）に違いがあるかどうかを確率的に判断しました。

図表14-13　カイ二乗検定とロジスティック回帰分析の特徴

		被説明変数（結果を示す変数）	
		量的変数	名義尺度（2値）
分析の目的	2群の比較	Z検定、t検定	カイ二乗検定
	複数の要因の影響	重回帰分析	ロジスティック回帰分析

また、結果（例えば総合満足度）に複数の要因（例えば個別満足度1～5）が及ぼす影響の大きさを知りたい場合には、重回帰分析を行って推定した回帰係数を見ました。しかし、重回帰分析も量的変数しか利用できません。そこで、被説明変数が質的変数（例えば名義尺度）でも利用できるロジスティック回帰分析を用いて、外気温や稼働時間も含めて複数の要因が故障に与える影響を推定しました。

第15章 統計学はデータサイエンスの基礎なのか（本書のまとめから機械学習へ）

補足資料

● 第15章の内容を解説した YouTube 動画

https://youtu.be/eolfzpAyacQ

● YouTube 動画で使用したパワーポイント

https://docs.google.com/presentation/d/1HrFhd3GZI-yXRlBGl9LybLcuV7MmrVl_/edit?usp=sharing&ouid=117163987926518861961&rtpof=true&sd=true

「AIで何でもできる」は本当か

　最後の章では、基本的な統計学の知識が今後どのように役立つかについて、「人工知能（AI）」やその中核技術である「機械学習」とどのような関係があるのかといった観点から考えていきましょう。そのために、その概要を見てみましょう。

　近年のいわゆる人工知能（AI）の発展と実用化には目覚ましいものがあります。筆者も英文翻訳や音声認識のここ数年の劇的な進歩には驚きました。しかし、何をもって「AI」とするかの定義はいまだに曖昧で、消費者の関心を引くために、何にでもAIと付ける傾向も見られます。

図表15-1　実用化されているAI関連サービスの例

AIの機能	具体的なサービスの例
予測	・従業員の1年以内の退職確率を予測する。 ・AIで離職を防止する。 ・株式市場の株価をAIで予測して自動取引を行う。
識別（画像や音声）	・監視カメラの映像の顔認証により犯罪者を特定する。 ・音声をスマート・スピーカーで識別して操作を自動で行う。
分類	・大量のメールから迷惑メールを分類してフラッグを付ける。 ・高齢者の質問への応答から認知症を発見する。

　図表15-1は、有名なAI関連サービスの例です。AIの機能には、ある数値などを「予測」する機能、画像や音声からその内容を認識する「識別」機能、様々な情報から特定のグループを分ける「分類」機能があると言われています。特に予測機能では、株価予測による株式市場での自動取引はかなり普及しており、人事部門では従業員の退職を予測して離職防止を行うことも始まっています。

図表15−2　AIを発展させた技術体系の概念図

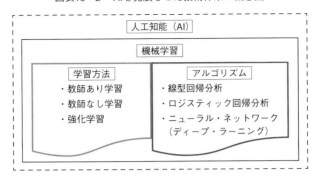

　図表15−2は、AIに関する技術体系を簡単にまとめたものです。すでにAIには厳密な定義がないことを説明しましたが、AIの中核技術が「機械学習」であることは概ね合意されていると考えられます。この機械学習には２つの重要な要素があり、第１に「学習」の方法と、第２にその学習に用いる計算方法（「アルゴリズム」）です。
　まず、「学習」の方法とは、統計学での回帰係数の推定と同じように、分析モデルの数値を決定する作業です。推定が一度の計算ですむ場合が多いのに対して（例えば「最小二乗法」）、学習ではデータを入力するたびに計算を繰り返して数値を調整していくという特性があります（「勾配降下法」など）。例えば、推定が、ある星座を事前に星座早見表などで観察に最も適した方角や時刻を狙って写真撮影するものだとすれば、学習は、星座が絶え間なく動く様子を他の星も含めて動画で撮影していくイメージです。
　この学習のなかで、予測の場合によく利用されるのが「教師あり学習」で、２つのデータセット（標本）を用意して、一方を学習によるパラメーター（数値）の決定に使い（学習用データ）、他方を分析結果の予測精度の評価に使う（検証用データ）ようなイメージです。例えば、クレジットカードの不正検出をしたい場合に、過去の不正取引を含むデータを用いて学習し、その後で別のデータを分析した結果が不正を正確に感知しているかを検証するという形です。実際には、データが毎日・毎時に自動収集される場合に、次々に追加されるデータを利用して、連続的に予測精度を改善していくよう学習をする場合が

多いようです。

　もう1つの要素は「アルゴリズム」で、主なものは線形回帰分析、ロジスティック回帰分析、サポートベクターマシン、ニューラル・ネットワークなどが挙げられます。さらに、ニューラル・ネットワークを重層的にしたのが深層学習、いわゆるディープ・ラーニングと呼ばれています。なお、サポートベクターマシンとニューラル・ネットワークについては、後でロジスティック回帰分析と比較してご紹介します。

統計学と機械学習はデータサイエンスの仲間

　AIや機械学習について概観したところで、本書で学習した統計学との関連を見ていきましょう。まず、「データサイエンス」の定義ですが、データから価値を生み出す学問分野の総称で、そのなかには統計学、数学、プログラミングや機械学習が含まれます。

図表15-3　データサイエンスは統計学や機械学習を含む

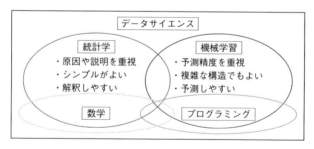

　図表15-3に、データサイエンスの仲間と言われる統計学と機械学習の関係を図にしました。実は、機械学習は統計学をベースにしながら独自に発展していると考えられます。したがってすでに見たように、統計学の線形回帰分析が機械学習のアルゴリズムとして採用される場合もあるわけです（図表15-3の2つの丸の重複部分）。統計学は面白い学問で、これまでもバイタルデータに特化した生物統計学や、経済分析のなかで発展した計量経済学などがありま

第15章　統計学はデータサイエンスの基礎なのか

す。

　統計学がデータによる現状把握や因果関係の解明に重点を置いているのに比して、機械学習は予測精度を高めることを重視しています。したがって、統計学はなるべくシンプルな構造の分析モデルで、分析結果の解釈がしやすいことが求められます。ところが、機械学習の方は複雑な構造を持つ分析モデルで、内容が解釈しにくくても、予測が正確ならよいというスタンスです。

　なお、統計学はその歴史が長いこともあり、理論的根拠が整備されていて、特にパラメトリック統計は体系的な学習が可能です。一方で機械学習は、近年目覚ましい発展が続いており、実用化が重視されています。このため、機械学習に関する内容は、今後も変化する可能性が高いと考えられます。

図表15 - 4　統計学と機械学習の手法の違い

	統計学（特に推測統計）	機械学習（特に教師あり学習）
分析の目的	母集団のパラメーターの推定と因果関係の解明。	ある事象の予測・認識・分類の精度の向上と実用化。
分析対象のデータ	母集団から抽出された限られたデータ量の標本。	ビック・データなどのかなり大量のデータ（母集団の場合も）。
分析手法の特徴とそれに伴う問題点	分析モデルは比較的シンプル。分析回数は1回のみの場合が多く、各種の指標で分析結果の妥当性を確認する。複雑な現象を分析する場合には、分析手法の前提条件が満たされているかが十分に確認できない場合がある。	分析モデルは複雑かつフレキシブル。データを学習用と検証用に分けて、予測精度を確認する。一方で、大量のデータを迅速に分析する必要がある場合には、計算量が多くても効率的に計算するアルゴリズムを選択する必要がある。
分析手法の選択・改善	学術分野ごとに標準的な分析手法がある程度決まっている。また、先行研究の分析手法を参考にすることもできる。	分析対象（画像や音声など）によって分析手法を試行錯誤する場合が多い。予測精度を高めるために複数の分析手法やアルゴリズムを組み合わせる場合もある。

　図表15 - 4に、統計学（特に推測統計）と機械学習（特に教師あり学習）の違いをまとめました。なお、本書の対象としている読者が理解しやすいように、著者がそれぞれの特徴をかなり単純化している点をご了解ください。

　図表15 - 3で簡単に説明しましたが、もう一度目的の違いを見てみましょう。統計学では、ある結果に対する原因を知り、その因果関係を知ることが目

237

的となります。多くの事象では、原因を知ればその改善策を策定することも可能になります。一方で機械学習では、予測・認識・分類の精度を向上することが主な目的です。つまり、因果関係がわからなくても、結果を正確に予測できればよいのです。

このような目的の違いに加えて、分析対象となるデータの量にも違いがあります。統計学（特に推測統計）では、母集団から抽出した標本という一部の限られたデータを利用します。本書でも工場で標本を30本ほど抜き取り検査する話がありました（標本サイズが30以上であれば十分に大きいとも記述しました）。一方で、機械学習が取り扱うデータは、より大量である場合が多いと言われています。例えば、工場でも各種センサーを利用することにより全数検査（母集団）のデータ収集がより容易になってきています。機械学習ではこのような数万から数十万の大量のデータを限られた時間で分析することが想定されています（後述するサポートベクターマシンは、機械学習の中では比較的小さい数万のデータでも利用できるようです）。

また、統計学の場合は、分析モデルは比較的シンプルです。標本に対する分析回数は1回のみの場合が多く、各種の指標（例えば決定係数）で分析結果の妥当性を確認します。ただし、複雑な現象を分析する場合には、分析手法の前提条件（例えば正規性）が満たされているかが十分に確認できない場合があります。一方で、機械学習の場合は、分析モデルは複雑かつフレキシブルという特徴があります。あわせて、大量のデータを迅速に分析する必要がある場合には、より効率的に計算するアルゴリズムを選択する必要があります。

さらに統計学では、学術分野ごとに標準的な分析手法がある程度決まっています。例えば経済学では計量経済学、医学では医学統計という分野があります。また、分野ごとに先行研究で採用されている分析手法を参照することもできます。

一方で機械学習では、分析対象（画像や音声など）によって、大まかな選択基準を示した「チートシート」などを見ながらも分析手法を試行錯誤する場合が多いようです。また、決まった分析手法だけでなく、予測精度を高めるために複数の分析手法やアルゴリズムを新しく組み合わせる場合もあります。

次に、具体的な統計学の分析手法と機械学習の分析手法を比較してみましょ

第15章　統計学はデータサイエンスの基礎なのか

う。統計学の手法としては、第14章で登場したロジスティック回帰分析を取り上げます。ロジスティック回帰分析では、被説明変数が0または1を取りました。第14章では、機械が故障した場合が1、そうでない場合を0として、気温や稼働時間が故障の原因になっているかを分析しました。このロジスティック回帰分析は、機械学習分野では分類を行う場合のアルゴリズムとして利用される場合もあります。それでは、ある事象（例えば、高血圧の人とそうでない人）に該当するかどうかを、X_1（例えば塩分摂取量）を横軸に、X_2（例えば血圧の測定値）を縦軸に取った図表15 - 5 - A の上の図を例にとって分類してみましょう。

ロジスティック回帰分析では、図表15 - 5 - A の中段左側の図のように、縦軸に高血圧の人を1、そうでない人を0として、横軸に塩分摂取量（X_1）を取って、縦軸と横軸の関係をロジスティック関数で確率に換算します。ある塩分摂取量の人がいると、その人が高血圧に該当する確率がロジスティック関数で計算して0.5（つまり50％）以上の場合に高血圧（縦軸では1を取る）という形で、「境界」（グレーの太線）を設定します。新たに別の人を分類する場合は、その人の塩分摂取量から計算した高血圧に該当する確率が0.5以上になる場合に、高血圧の方に分類します。なお、ロジスティック回帰分析では、この境界線は直線のみになります（線形分離器と呼びます）。

図表15 - 5 - A の中段右側の図は、サポートベクターマシン（Support Vector Machine：SVM）を使った分類の仕組みを示しています。第1に、2つのグループのお互いの境界に近いデータ点をそれぞれのグループから選択します（図では濃い色の点）。このデータ点をサポートベクターと呼びます。次にこのサポートベクターからの距離（これをマージンと呼びます）を最大化するように境界線（黒い太線）を引きます。図表15 - 5 - A の下の図で、ロジスティック回帰分析で引いた境界線（グレーの太線）と、サポートベクターマシンで引いた境界線（黒い太線）を比較すると、角度は少し違いますが、両方とも分類に成功しています。

次に、もっと複雑なケースを見てみましょう。図表15 - 5 - B には横軸（X_1）に血圧の測定値、縦軸（X_2）に血糖値を取った散布図を示しています。図中の四角のデータ点は70歳まで健康に働くことができた高齢者（健康高齢

図表15-5-A　2つのグループをロジスティック回帰分析とSVMで分類

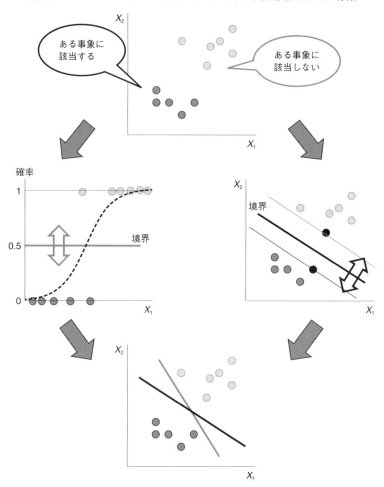

者）で、丸いデータ点はそうではない高齢者（病弱高齢者）を示しています。血圧や血糖値が高すぎたり低すぎたりしない場合に、健康高齢者になることがわかります。

　このような場合には、直線を用いて境界線を作るロジスティック回帰分析ではうまく分類できません。図表15-5-Bの最下段の図にあるグレーの太線を見ると、健康高齢者と病弱高齢者をまったく識別できていません。

図表15-5-B　2変数のグループをロジスティック回帰分析とSVMで分類

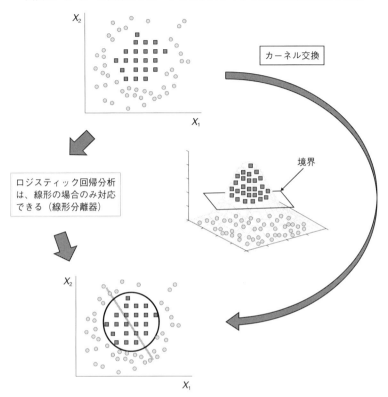

　しかし、サポートベクターマシンではこのような場合でも、図表15-5-Bの最下段の図のように、きれいな円形の境界線を作ることができます。このためには、最初のデータ点をカーネル関数によって数値変換することによって、2次元（横軸 X_1 と縦軸 X_2）から3次元のように次元を増やす操作を行います（これを「カーネル変換」と呼びます）。この操作によって、健康高齢者と病弱高齢者をきれいに分離する平面の境界を3次元上に得ることができます。その結果、図表15-5-Bの中段の図にある平面のように、2つのグループをきれいに分類する境界を引くことができます。

　以上のロジスティック回帰分析とサポートベクターマシンの比較から、以下の3点が明らかになったと思います。第1に、シンプルな事例（図表15-5-

Ａ）の場合には、統計学の分析手法であるロジスティック回帰分析を使っても
ある程度の分類はできました。このような点から、統計学の分析手法を機械学
習のアルゴリズムとして利用できることがわかりました。第2に、複雑な事例
（図表15 - 5 - Ｂ）の場合には、直線的な境界しかできないロジスティック回帰
分析よりも、カーネル変換を使ったサポートベクターマシンの方がより正確な
分類ができました。このような直線関係にない（「非線形」と呼びます）複雑
な事象についても、精度の高い分類ができるのが機械学習特有のアルゴリズム
の特色の1つと言えるでしょう。第3に、機械学習では様々な分析手法やアル
ゴリズムを複雑に組み合わせて利用するという点です。サポートベクターマシ
ンで利用したカーネル変換も、カーネル関数の種類によって効果は様々です。
なお、ロジスティック回帰分析も、次に説明する「ニューラル・ネットワー
ク」という機械学習のアルゴリズムにおいて、ブロックのように多数を積み重
ねることにより複雑な事象に対応することが可能です。

▃▃ 「人工ニューロン」はロジスティック回帰分析と似ている

　では、機械学習のアルゴリズムの1種であるニューラル・ネットワークの構
成要素の1つである「人工ニューロン」と、前章で学習したロジスティック回帰
分析の例（図表14 - 9）との比較から、その類似点と相違点を見てみましょう。
　図表15 - 6は人工ニューロンの概念を、図表14 - 9のロジスティック回帰分
析と同じ構図に当てはめたものです。
　図表15 - 6の左側の入力は、ロジスティック回帰分析での説明変数の数値に
なります。逆に右側の出力は被説明変数になります。人工ニューロンの入力値
に重みを掛けた加重和が図表の「合計値」になります。この合計値を活性化関
数で変換し、その数値が閾値 θ より高い場合に出力されます。ロジスティック
回帰分析の場合には、重みを「回帰係数」に、活性化関数をロジスティック関
数と置き換えると、ほぼ同じ仕組みであることがわかります。実は、人工ニュ
ーロンの活性化関数には、従来はロジスティック関数が利用されていました。
最近ではその欠点を補正できる TANH 関数（ハイパブリック・タンジェント

第15章　統計学はデータサイエンスの基礎なのか

図表15−6　人工ニューロンの概念図

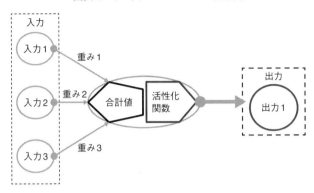

図表14−9　ロジスティック回帰分析の例（再掲）

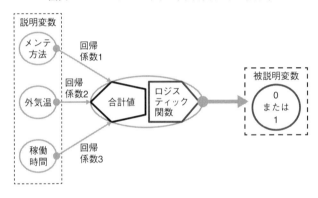

関数）や ReLU 関数（レル関数）が採用されています。

ニューラル・ネットワークは、人工ニューロンの集合体

　図表15−7は、図表15−6の人工ニューロンを複数組み合わせたニューラル・ネットワークの概念図です。図の左上の部分が図表15−6の人工ニューロンの部分です。この人工ニューロンを並列したのが、ニューラル・ネットワークです。つまり、1つの人工ニューロンが複雑な画像の「全体」を捕捉するのではなく、複雑な画像の限られた一部のみを担当して、多数の人工ニューロン

図表15−7　人工ニューロンとニューラル・ネットワークの概念図

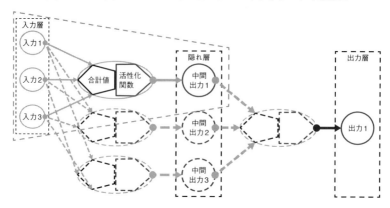

が集合体として複雑な画像を認識することができるという仕組みです。例えば、ブロックは四角形の単純な形ですが、小さなブロックを多数組み合わせることによって、複雑な形を作ることができるのに似ています。具体的には、人工ニューロンの活性化関数にロジスティック回帰分析を使った場合、サポートベクターマシンとの比較の際に線形の境界という制約がありました。しかし、ニューラル・ネットワークでは、例えば画像の円形の部分を短い直線になるように分割し、その短い直線の１つ１つを別々の人工ニューロンが部分的に担当して、最後に全ての人工ニューロンの担当画像を組み合わせることにより、複雑な画像を認識できるというような仕組みになっています。

　図表15−7では、人工ニューロンは１つから３つに増加し、図表15−6で出力となった部分が隠れ層の中間出力になっており、その中間出力を受けて人工ニューロンが最終的な出力を出しています。このような複層的な構造がニューラル・ネットワークの特徴です。このなかで、図表15−7で１つしかない隠れ層を増加させたのが、深層学習（ディープ・ラーニング）と言われています。

　図表15−8は隠れ層が３つある深層学習（ディープ・ラーニング）の概念図です。図表15−7のニューラル・ネットワークは、図表15−8の左上の枠で囲んだ部分で、その右側に隠れ層②と隠れ層③が増設されています。このようなさらに複雑な構造により、非定型的な業務（例えばスマート・スピーカーによる音声認識）や人間が気付かない特徴を把握できる（例えば、画像診断でがん

図表15-8 隠れ層が3つあるディープ・ラーニングの概念図

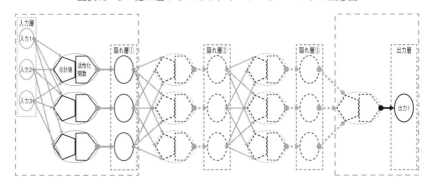

を発見する）ようになると言われています。このように複雑な構造を持つことにより、その因果関係を解釈するのは困難になりますが、予測精度を増加させる効果があると考えられます。なお、統計学における分析手法の選択は、変数の特徴（尺度等）や分析目的を踏まえれば、一意に選択できる場合が多く、いったん分析手法を選択すれば、統計ソフトによりほぼ自動的に分析結果を得ることが可能です。一方で、機械学習では、例えばニューラル・ネットワークの設計に正解はないと考えられ、得られた分析結果を予測精度の観点から評価することになります。そのため、手法の選択において予測精度を見ながら試行錯誤を重ねて人工ニューロンの数、活性化関数の選択、隠れ層の層数などを決定することになります。これをチューニングと呼ぶそうですが、かなり時間をかけて実際の現場で役に立つかどうかを検証するこの部分（実証実験）が、機械学習や人工知能の良し悪しを決めるようです。

なお、近年発展しているChatGPTなどの生成AI（大規模言語モデル：LLM）は、Transformer（トランスフォーマー）という新しい構造を持つ深層学習のモデルの1つを使用しています。

AIの導入は、実証実験（PoC）ができる人材が鍵

概念的には非常に素晴らしく見える機械学習ですが、2021年時点ではAIブ

図表15-9　AI導入企業の実用化の進捗度

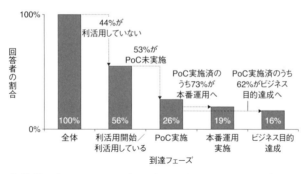

出所）「AIガバナンスサーベイ2019」デロイトトーマツグループ、2020年1月24日。

ームがやや沈静化し、その導入にはいくつかのハードルがあることがわかってきています。例えば、図表15-9は、AIの導入を決定した企業のその後の進捗度を示したものです。アンケート調査に回答した約700社は比較的規模の大きい企業と想定されます。それにもかかわらず、AIの導入に欠かせない「実証実験（Proof of Concept）」を実施したのは、導入を決定した企業の約3割とかなり少なく、本格的に運用までできているのは約2割になっています。つまり、約8割はAI導入に失敗していると考えてもよいでしょう。このなかで、育成が必要とされているのが、データサイエンティストと呼ばれる人材です。

3つの力が全て高水準のスーパーマンよりも、ビジネス力をベースにするべき

　データサイエンティスト協会によれば、データサイエンティストには、①ビジネス力、②データサイエンス力、③データエンジニアリング力、の3つの技術が必要とされています（図表15-10）。

　第1のビジネス力（business problem solving）とは、課題背景を理解したうえで、ビジネス課題を整理し、解決する力とされています。この力は、ある程度のビジネスの現場経験が必要だと想像されます。第2のデータサイエンス力（data science）とは、情報処理、人工知能、統計学などの情報科学系の知

図表15-10 データサイエンティストに求められる3つの技術

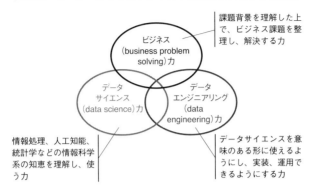

出所)「データサイエンティストのミッション、スキルセット、定義、スキルレベルを発表」データサイエンティスト協会、2014年12月10日（https://prtimes.jp/main/html/rd/p/000000005.000007312.html）。

識を理解して使う力、第3のデータエンジニアリング力（data engineering）とは、データサイエンスを意味のある形に使えるようにし、実装、運用できるようにする力とされています。この力はプログラミングやデータベース構築などの仕事を想定していると考えられます。

　これらの3つの技術の全てを高い水準で持つには、スーパーマンのような人材が必要になり、かなり人数が絞られることになるでしょう。むしろ、①のビジネス力のある人が、②と③の技術の基礎的な知識を習得していく方が現実的ではないでしょうか。つまり、AI導入の実証実験を的確に行うためには、①の知識を持つ人が、②と③の専門家と実効性のある議論をするための必要最低限の技術を持っていることが求められると考えます。

新しい技術はツールなので、使いこなせる能力と利用できる材料にあわせて

　このように見てきますと、本書で学習した内容が、目的に応じて発展性のあることがご理解いただけたと思います。統計学の基礎知識は、経済学部であれば計量経済学を学ぶベースになるだけでなく、機械学習であればアルゴリズム

や実証実験において理解を助けてくれるでしょう。

　今後、さらにデータサイエンスの分野を学習される際にご留意いただきたいのは、最新の技術が最適なツールとは限らないということです。皆さんが研究者になるのでしたら、最新の技術に焦点を当てることになりますが、ビジネスや現場での活用を視野に入れている場合には、現状にあうツールを選択することが重要です。

　機械学習や人工知能は発展途上にありますから、新しい用語（特にカタカナ）がこれからもたくさん出てくるでしょう。しかし、新しい技術はきらびやかで目立ちますが、実際にどの程度実効性があるかは不明です。一方で、統計学の基礎は地味で目立ちませんが、「枯れた技術」であり、初心者の能力でも有効に活用することが可能です。

　本書で習得された基礎知識を踏まえて、読者の皆さんが着実に学習を続けていただければ、著者としては望外の喜びです。

● 索　引

英　字

ChatGPT　245
F 値　200
F 統計量　202
P 値　119, 188
t 検定　186
T スコア　60
t 値　149
t 統計量　148
VIF　205
Z スコア　60, 112
Z 統計量　114, 122, 142

ア　行

アルゴリズム　235
一様分布　45
因果関係　169
インタビュアー効果　75

カ　行

カーネル関数　241
回帰係数　174, 182-189
回帰分析　172, 192
回帰平方和　185, 201
カイ二乗検定　222
カイ二乗分布　142, 222
確定的　28
確率　34

――的　28
――分布　44
――変数　37, 48
隠れ層　244
片側検定　114
活性化関数　242
合併分散　140
間隔尺度　209, 211, 213
機械学習　234
疑似相関（見せかけの相関）　169
記述統計　12
期待値　38, 40
基本統計量　12, 23, 216
帰無仮説　106, 108
共分散　164
区間推定　82
クロス集計表　213, 215, 222
系統誤差　71
結果の解釈　153
決定係数　184
検定統計量　109
誤差　69
ゴルトン・ボード　46

サ　行

最小値　17
最大値　17
最頻値　16
サポートベクターマシン　239

249

残差 178, 201
 ——平方和 201
散布図 156, 175, 214
散布度 18
試行 34, 44
事象 34
実現値 34
質的変数 213, 215
尺度 208
重回帰分析 192
自由度 146, 228
 ——調整済み決定係数 197, 203
順序尺度 209, 211, 213
人工知能 234
人工ニューロン 242
信頼区間 88
信頼水準 100
推定 70, 82, 87
 ——量 87, 105
正規分布 50
制御変数 198
正の相関 157
説明変数 192
線形分離器 239
層化無作為抽出法 75
相関係数 161, 164, 176
双峰性 26
測定誤差 76

タ 行

第1種の過誤 127, 145
大規模言語モデル 245
第2種の過誤 127
代表値 13, 212
対立仮説 106, 108
多重共線性 204
ダミー変数 231
単峰性 25
中央値 15
データエンジニアリング力 247
データサイエンス 236
 ——力 246
適合度の検定 223

点推定 82
統計学 237
統計的検定 104, 109
統計的に有意 188
独立 35, 36
 ——性の検定 223

ナ 行

二項分布 47, 49
ニューラル・ネットワーク 243

ハ 行

背理法 105, 108
外れ値 15, 157, 160, 167
パラメーター 235
パラメトリック統計 232
ビジネス力 246
ヒストグラム 16, 24
非標準化回帰係数 203
非復元抽出 35
標準化回帰係数 203
標準誤差 102
標準正規分布表 60
標準偏差 22, 39
標本 68
 ——サイズ 79, 91
 ——（不偏）標準偏差 98
 ——平均 70
 ——変動 85, 188
比率尺度 209, 212, 213
復元抽出 35
2つの母平均の差の検定 133
負の相関 157
不偏推定量 87
不偏分散 96, 140
分散 22, 39
平均値 13
平均偏差 20
偏回帰係数 193
偏差 14, 19
 ——積和 164, 178
 ——値 54
 ——平方和 22, 178

索　引

ポジティブバイアス　75
母集団　68
母標準偏差　90
母平均の検定　110, 118

マ　行

マージン　239
無作為（ランダム）　73
　——抽出　73
無相関　159
名義尺度　209, 210, 213, 229

ヤ　行

有意水準　109, 127

ラ　行

ランダム化比較試験　134
ランダム誤差　70
離散確率変数　48
両側検定　113
連続確率変数　48, 90, 111
ロジスティック回帰分析　229, 239
ロジスティック分布　230

● 著者紹介

河口洋行（かわぐち・ひろゆき）

〔略歴〕
1989年　一橋大学商学部卒業後、同年日本興業銀行入行
2000年　国際医療福祉大学国際医療福祉総合研究所入所
2001年　英国ヨーク大学大学院経済学部医療経済学科入学
2002年　英国ヨーク大学大学院経済学部医療経済学科修了
2002年　国際医療福祉大学大学院助教授
2006年　一橋大学大学院経済学研究科博士後期課程入学
2008年　一橋大学大学院経済学研究科博士後期課程修了（博士〔経済学〕）
2008年　国際医療福祉大学医療経営管理学科准教授
現　在　成城大学経済学部教授
〔著書〕
『医療の効率性測定──その手法と問題点』勁草書房、2008年
『医療の経済学（第4版）』日本評論社、2020年

文系のための統計学 入門（第2版）──データサイエンスの基礎

●────2021年7月30日　第1版第1刷発行
　　　　2024年9月30日　第2版第1刷発行
著　者──河口洋行
発行所──株式会社　日本評論社
　　　　〒170-8474　東京都豊島区南大塚3-12-4　振替 00100-3-16
　　　　電話 03-3987-8621（販売），03-3987-8595（編集）
　　　　https://www.nippyo.co.jp/
印刷所──精文堂印刷株式会社
製本所──株式会社難波製本
装　幀──図上ノアイノ
検印省略　©Hiroyuki KAWAGUCHI, 2021, 2024
Printed in Japan
ISBN 978-4-535-54102-3

JCOPY　＜(社)出版者著作権管理機構　委託出版物＞

本書の無断複写は著作権法上での例外を除き禁じられています。複写される場合は、
そのつど事前に、(社)出版者著作権管理機構（電話：03-5244-5088、FAX：03-5244-
5089、e-mail：info@jcopy.or.jp）の許諾を得てください。また、本書を代行業者等の第
三者に依頼してスキャニング等の行為によりデジタル化することは、個人の家庭内の
利用であっても、一切認められておりません。